JN011487

新しい

Elementary Knowledge Of Coffee

珈琲の基礎知識

知りたいことが初歩から学べるハンドブック

堀口俊英

は じ め に

　1990年にコーヒーの仕事を初め30年以上が経ちました。コーヒーは、嗜好品飲料の中でも成分が複雑で、風味は多様です。そのため、人それぞれ「おいしさ」を受け止める味覚や感性は異なるかもしれません。

　しかし、「おいしいコーヒー」は「品質のよいコーヒー」の中からしか生まれないであろうということはわかってきました。その品質は、栽培環境、品種、栽培方法、精製方法、選別により、さらに梱包、輸送、保管にいたるまでの流通過程によります。その知識を踏まえたうえで、よい焙煎豆を選び、適切な抽出をし、客観的な評価ができるようになることは、嗜好品としてのコーヒーをより深く楽しむことにつながると考えます。

　現在は実務から離れ、ライフワークであるコーヒーのテイスティングセミナーを行っています。2016年66歳の時に東京農業大学の環境共生学後期博士課程に入学し、2019年69歳で卒業しました。その後も食環境科学研究室に在籍し、学部生、院生とともに、「官能評価と理化学的な数値及び味覚センサー値との相関性について」研究を継続しています。

　本書執筆期間中の2022年8月に「日本食品科学工学会」でのオンライン発表があり、そ

の最中突然心停止となり、救急搬送されました。幸いなことに大学内で発表していましたのでAED及び人工呼吸による初期対応がなされたこともあり、奇跡的に生き返り、後遺症もなく退院できました。

そのような事情もあり、出版は遅れ、出版社にはご迷惑をおかけしました。お詫び申し上げます。

本書は、「コーヒーの基礎知識」というタイトルで執筆を依頼されましたが、「新しいコーヒーの基礎知識」に変更をお願いし「新しい」情報を加えました。コーヒーを取り巻く環境は、気候変動による生産減少問題、カネフォーラ種の生産増、アジア圏などの経済成長による消費拡大、新しい品種の開発、嫌気性発酵などの精製の模索、スペシャルティコーヒーの品質の3極化など大きく変動しています。従来のコーヒー本に比べ新しい視点からの内容が増え、その分初心者にはわかりにくい部分もあるとかとは思いますが、時代の変化をとらえて書いていますので、その点ご了解いただければ幸いです。

本書は、コーヒーの風味の変動要因をできるだけ紐解き、コーヒーの本質的な風味を理解し、コーヒーを楽しむための案内書を目指しています。

2023年吉日　堀口　俊英

本書の利用方法

本書の中にはコーヒーに関するさまざまな目新しい言葉が使用されています。
それらについてくわしい説明が必要な場合も多々ありますので、
初めにご一読いただければ幸いです。

1 ／ コーヒーという言葉について

　コーヒーという言葉は、かなり幅広く使用され、本書では果実をチェリー、果実を脱殻した状態をパーチメント、パーチメントを脱殻したものを生豆、生豆を焙煎したものを焙煎豆と表記しています。ただし、生豆及び焙煎豆を包括した言葉としてコーヒーもしくは豆と表記している場合もあります。

よく使用する言葉	水分量	意味
コーヒー		コーヒーの総称として使用
チェリー	65%	コーヒーの果実
ドライチェリー	12%	ナチュラルの精製でチェリーを乾燥させたもの
パーチメントコーヒー		種子が内果皮に覆われた状態のもの
ウェットパーチメント	55%	パーチメントの乾燥前の状態
ドライパーチメント	11〜12%	パーチメントの乾燥後の状態
生豆	10〜12%	パーチメントを脱殻した後の種子（豆と呼ぶ）
焙煎豆	2%前後	生豆を焙煎した後の豆
粉	2%	焙煎豆を粉砕した状態のもの
抽出液	98.6%	粉を主に熱水で抽出した後の液体

未熟のチェリー

やや過完熟のチェリー

ウェットパーチメント

赤く完熟したチェリー

チェリー

ドライパーチメント

黄色く完熟したチェリー

ドライチェリー

グリーンビーンズ（生豆）

2 / サンプル（使用したコーヒー）について

①　掲載サンプルは、①日本国内市場に流通している生豆、②生産地の農園や輸出会社（エクスポーター）から送られてきた生豆、③輸入商社（トレーダー）から入手した生豆、④さまざまなインターネットオークションの生豆から構成されています。主には、2019-20、2020-21、2021-22Crop Year（クロップ/収穫年）が中心になりますが、一部それ以前の豆も含まれます。

②　サンプルの生産履歴として、生産国、生産地域（地区）、品種、収穫年（Crop）を明記しています。生豆入港月、梱包材質、コンテナ、保管倉庫、テイスティング日などに関しては特に記載していません。また、サンプルの生産者である農園、小農家、農協、ステーション（水洗加工場）名、輸出会社、輸入会社名については省略していますのでご了承ください。

　個々の農園の豆に優劣をつけることが目的ではないことをご理解いただきたいと思います。

3 / サンプルの焙煎について

①　サンプルはすべて生豆を調達しています。焙煎は、2019年3月まではフジローヤル1kg焙煎機、ディスカバリー焙煎機（いずれも富士珈機製）を使用し、熟練した焙煎士が行っています。また、2019年4月以降については、パナソニック製の小型焙煎機を使用し、私が焙煎しています。焙煎度の表記のない場合はミディアムロースト（Medium Roast/ 中煎り）です。

②　ミディアムローストは、酸味を感じやすく、生豆のポテンシャルをとらえやすい焙煎度です。この焙煎度に関しては、厳密にはSCA Color Classification＊に基づき、販売されているSCAのカラースケール（色見本）にあわせてあります。

＊ CUPPING PROTOCOLS V.16DEC2015.docx (scaa.org)

　ただし、飲用する場合には生豆により適切な焙煎度があります。（PART 3 参照）

4 / 官能評価の方法について

① 官能評価*（Sensory Evaluation）は、特に注釈のない場合はSCA方式（PART 4）で行っています。本書の官能評価は、人間の五感を測定器として品物の特性や差を検出する分析型官能評価で、好き嫌いを判断する嗜好型官能評価ではありません。そのため、熟練したパネル（評価者集団）によるものです。

* SCA方式の場合カッピング（Cupping）という言葉が使用されますが、本書では官能評価もしくはテイスティングという言葉を使用します。

② サンプルの多くは、SCA（Specialty Coffee Association）評価方式（P103参照）で80点以上（100点満点中）のスペシャルティコーヒー（Specialty Coffee：SP）として流通している生豆です。また、SPと比較するために一部79点以下のコマーシャルコーヒー（Commercial Coffee：CO）も含まれます。

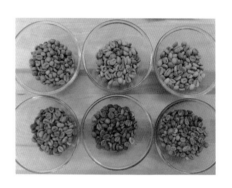

官能評価の点数は、
個体差および入港後の経過月による
成分変化などにより変動しますので、
記載された点数を他の同一生産国の豆に
当てはめないよう配慮してください。
本書は、特定の生豆に優劣をつけることが目的ではなく、
よいコーヒーの風味とは何かを見出すことを目的としています。

③ 本書における点数は、①私が20年前から主催するテイスティングセミナーのパネル（n=8などと人数表示）の平均点、②インターネットオークションのジャッジの評価点、③私の評価点の3つに区別しています。

〈4〉 テイスティングセミナーで選ばれたパネルは、①SPの飲用歴が3年以上ある、②コーヒーの生産地、精製、品種などの基礎知識を有する、③SCA方式での評価経験があるなどの条件をクリアしています。

〈5〉 SCAA（米国スペシャルティコーヒー協会）とSCAE（ヨーロッパスペシャルティコーヒー協会）が合併した2017年まではSCAAと表記し、それ以降はSCAと表記しています。

5 / 理化学的数値について

本書では理化学的数値（ケミカルデータ）の観点からも品質を評価しています。

〈1〉 水分値

サンプルの生豆について、簡易水分計（kettコーヒー水分計PM450）で水分量を計測しているものもあります。水分値が8%以下の場合は生豆の状態に何らかの変化があることが予想され、13%以上はカビのリスクが生じます。

〈2〉 pH（ピーエイチ / 水素イオン濃度）

pHは、焙煎豆の酸の強弱および焙煎度の比較の参考になります。コーヒー抽出液の場合は、中煎りでpH5.0前後、深煎りは5.6前後で弱酸性です。数値が低いほうが酸は強いといえます。25℃±2℃で測定しています。

〈3〉 滴定酸度（総酸量 / Titratable Acidity）

抽出液をpH7.0の中性まで水酸化ナトリウムで中和滴定して算出しています。コーヒー抽出液中の総酸量を意味し、多ければ酸味の強い可能性があり、酸味の輪郭や複雑さを形成すると考えられます。

4 総脂質量 (Lipid)

一般的に、生豆には脂質が15g/100g 前後含まれています。焙煎後も大きな変動はありありません。クロロホルム・メタノール混液で脂質を抽出しています。脂質量は粘性、なめらかさにつながりますのでコーヒーのテクスチャー（コク：Body）に影響を与えます。

5 酸価 (Acid Value)

ジエチルエーテルで脂質を抽出して、数値を計測しています。生豆の酸化（劣化）した状態を酸価という数値で表しています。数値の少ない方が生豆の鮮度がよいと解釈します。

6 ショ糖量 (Sucrose)、カフェイン量 (Caffeine)

高速液体クロマトグラフィー（HPLC：High Performance Liquid Chromatography）を使用し測定しています。HPLC とは、試料に含まれる複数の溶液成分を分析する高精度の装置です。

分析するための機器

7 Brix

果実を測る糖度計として使用されますが、その他の液体を測れば濃度計としても使用できます。水にショ糖を溶かした溶液は、光の屈折率が水よりも大きくなるという原理を用いています。あくまで液体の中に溶け込んだ溶質です。

8 味覚センサー

インテリジェントセンサーテクノロジー社の味覚センサーでサンプルを分析しています。味覚センサーの中で酸味、苦味、旨味センサーを活用し、酸味（Acidity）、コク（Body）、旨味（Umami）、苦味（Bitterness）の項目でグラフ化しています。グラフは強度を表し、質的側面は判断できません。各属性の比較に役立ちますが、属性間の強度比較はできません。

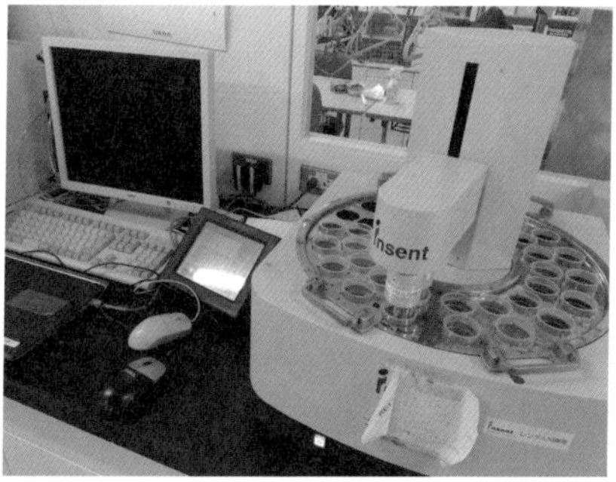

味覚センサー

6／統計処理について

1 分析数値に差異がある場合は、一部有意差検定を行っています。SPの脂質量はCOの脂質量に対し有意差があるという場合は、明らかに差異があるということを意味します。有意差（統計上明らかな差）を表示する場合は$p<0.01$、$p<0.05$*で表記します。

＊ $P<0.05$は95％以上の確率で偶然ではないということで、一般的に信頼してよいと考えられています。

2 ①官能評価点数と味覚センサー、②官能評価と理化学的数値との間に関連性があるかないかについて回帰分析を行い、r＝相関係数で表示しています。

一般的には、±0.9～1.0＝きわめて強い相関がある、±0.7～0.9＝強い相関がある、±0.4～0.7＝相関があるとされますが、本書では0.6以上の場合について相関が見られると判定しています。

例えば官能評価の点数と味覚センサー値にr=0.8の相関があるとすれば、官能評価の点数を味覚センサー数値が裏付けていると考えられます。

写真について

本書で使用した写真は、私が産地を訪問した際に撮影したものが多く含まれ、一部古いものも含まれます。その他、パートナーシップ農園、取引実績のある農園のもの、輸入商社および輸出会社などから提供していただいたものなど多岐にわたります。

contents

PART 2
コーヒーを知る

写　真　福田 諭
デザイン　相原真理子
編集制作　バブーン株式会社（矢作美和、茂木理佳）

PART 1

コーヒーを
淹れる

　コーヒーの淹れ方については多くの出版物およびインターネット上に情報があふれています。どのような淹れ方が正しいのかについては正解がありません。しかし、最終的には、抽出された液体がよい風味であったか？　おいしかったか？　で判断すればよいと思います。そのためには、よい焙煎豆を使用し、適切な方法で抽出する「基本のき」を理解することが重要です。

　1990年に小さな「ビーンズショップ兼喫茶店」を開業し、円錐形のドリッパーを使用し、1日100杯以上のコーヒーを抽出しました。右手が腱鞘炎になり、左手で淹れる練習もした当時を思い起こしながら抽出についてまとめました。

1 コーヒーを淹れる

chapter1
抽出器具の歴史

　焙煎後、粉砕したコーヒー粉の抽出は、長い飲用の歴史を経て、現在の方法に至っています。大別すると①透過法、②浸漬法、③エスプレッソの3通りです。

　コーヒーの抽出は、17世紀イスラム圏でトルコの「イブリック」（ジェズヴェ）、サウジアラビアなどの「ダラー」という煮出し式の容器が使用されたことに始まります。それらは、浸漬法の一種としてカフェや家庭でも広がり、トルコ、中近東にコーヒー抽出分布圏を構成しました。この方法は現在も受けつがれています。

　1800年頃にはフランス人のドゥ・ベロワが上下2段のコーヒーポットを考案します。ここからキリスト教圏の第2次コーヒー抽出分布圏が形成されていきます。

　その後19世紀は、いかにコーヒーをおいしく淹れるかという観点からフランスとイギリスで抽出方法の試行錯誤が続き、現在の抽出器具の原型ができていきます。20世紀以降は、「パーコレーター」、ガラス器具を使用したコーヒーサイフォンの原型である「ダブル・グラス・バルーン」、ネルドリップの原型、上下組み合わせのポットを反転してろ過する「マチネッタ」、そして蒸気圧による「エスプレッソマシン」が開発されます。さらに、イタリア家庭で使用されている「モカエキスプレス」や「ブランジャーポット」（フレンチプレス）などが使用され、「メリタ」のペーパードリップなどが生まれて、現在の多様なコーヒー抽出器具に発展していきました。

さまざまな抽出器具

イブリック（ジェズヴェ）

深煎りの極細の粉（昔は、乳鉢でつぶしました）を煮出し、泡が立ったら弱火にし、3回泡立てて上澄を飲みます。

ダラー

ダラーというコーヒーポットで沸騰させて、濾さずに飲みます。砂糖は入れないのが普通で、サフラン、シナモン、カルダモンなどを加えて沸騰させることもあります。

パーコレーター

直火用。熱水がストレーナー（ろ過器）を通過し、循環して抽出されます。家庭内での使用より、登山、キャンプなど屋外に向いています。

サイフォンの原型

容器を2個上下に連結し、接続部に金属フィルターを置き、下部からアルコールで水を加熱し真空状態にして、加熱をやめて抽出します。

エスプレッソメーカー

エスプレッソ抽出器具で、粉と水を入れ下部から加熱します。他には、熱水と粉を入れ反転させるマキネッタという器具が使用されています。密閉状態の熱水は水蒸気の圧力で急速にろ過します。エスプレッソの創案に発展します。現在では、直火式のモカエキスプレス（イタリアのビアレッティ（Bialetti）社の商標）が使用されています。熱水がノズルを通し上部に上がり、ろ過器を通し抽出されます。

＊伊藤博／珈琲を科学する／時事通信社／1997
＊柄沢和雄／コーヒー器具事典／柴田書店／1977

抽出液の
成分を知る

コーヒー抽出液の栄養成分(100g中)

エネルギー	4kcal
水分	98.6g
たんぱく質	0.2g
炭水化物	0.7g
ナトリウム	1mg
カリウム	65mg
カルシウム	2mg
マグネシウム	6mg
リン	7mg
マンガン	0.03mg
ビタミンB2	0.01mg
ナイアシン	0.8mg
ビオチン	1.7mg
脂肪酸総量	0.02mg※

8訂食品成分表より
※脂肪酸総量は推定値

コーヒー抽出液の98.6%[1]は水分です。溶質（コーヒー抽出液100mlに溶けている物質）は1.4%しかなく、水溶性食物繊維（炭水化物）が0.7g、タンパク質が0.2g（うちアミノ酸のグルタミン酸が微量）、灰分（ミネラル）が0.2g、脂肪酸が0.02g、その他タンニンが0.25g、カフェインが0.06g、微量の有機酸（クエン酸）、メイラード化合物（褐色色素）、クロロゲン酸などが含まれています。これらの微量成分が絡みあい、複雑な風味を生み出しているのです。

つまり、コーヒーに含まれる成分はすべて抽出されるわけではなく、不溶性食物繊維[2]や脂質（水には溶けない

が有機溶媒に溶ける）などは抽出残渣（滓・かす）に残っています。そのため、この抽出後のかすを2次利用することが可能となります。例えば、①コーヒーの粉を乾燥させて消臭材として使う、②そのまま庭にまいて虫よけや雑草の繁殖を防ぐために使う、③（やや面倒ですが）乾燥後発酵させて肥料として使う、などの用途が一般的です。

* 1　7訂食品成分表2016/女子栄養大学出版部
* 2　炭水化物＝多糖類で、人の消化酵素で消化されない食物中の難消化性成分の総体。また、コーヒーかすには脂質が多く含まれ（15%程度）、地球温暖化対策になるバイオ（生物資源：Bio）燃料として使用できる可能性があり、日本でも圧縮して固形燃料（バイオコークス）などにする研究がされ、実用化されつつあります。

コーヒー抽出液と水の関係

コーヒー抽出に水質は重要です。同じコーヒー豆を日本国内各地で抽出してみると不思議と風味に微妙な差異を感じますが、これは、pH やミネラル分の微妙な違いが影響を与えていると推測します。

下図は、さまざまな水で抽出したコーヒーを味覚センサーにかけた結果です。純水、軟水、水道水は酸味があり、コク、旨味、苦味、渋味、後味な

ど の風味バランスが同じで、コーヒー抽出に適していると考えられます。しかし、アルカリ性の温泉水とミネラルが多い硬水は、水の味としてはよいですが、コーヒーの味の輪郭を形成する酸味が出にくく、コーヒーの抽出には向いていないように思えます。

水の硬度*は、含まれるカルシウムやマグネシウムなどのミネラル分で決まります。日本では、おいしさの面から硬度の目標値が10〜100mg/L に設定されています。硬度が低い水は、あっさりとしてクセがなく、逆に硬度が高い水は、コクがありややクセのある味となります。

＊水の硬度 | 広報・広聴 | 東京都水道局 (tokyo.lg.jp)

水の違いによる風味の差

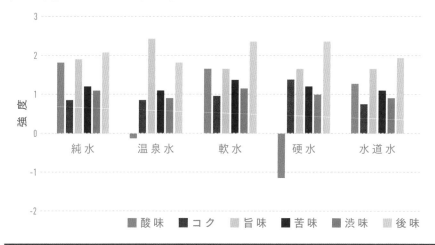

＊純水は大学の研究室で使用している「ミリQ」（超純水製造装置で作られた水）。
温泉水はアルカリ水（pH9.9/ 硬度1.7）、軟水は日本のミネラルウォーター（pH7.0/ 硬度30）、硬水はフランスのミネラルウォーター（pH7.2/ 硬度304）です。水道水（pH7.0前後・平均的な硬度は50〜60）は堀口珈琲研究所の水道水（硬度は mg/L）。

chapter 4

透 過 法 と 浸 漬 法

透過法

ペーパードリップやネルドリップ、金属フィルターなど。

浸漬法

フレンチプレスやサイフォンなど。

　ドリップ式ともいわれる透過法は、現在では「ペーパードリップ」、「ネルドリップ」が主流です。ドリップは、簡単にいえば「湯を少量ずつ断続的に注ぐ（もしくは蒸らす）ことによりコーヒーの成分を溶解し、浸出させ、ろ過する抽出方法」です。喫茶店、コーヒーショップ及び家庭でもこの方法が多く取り入れられています。ペーパーを使用する方法が主流ですが、伝統的にネルの使用もあり、またステンレスなどの「金属フィルター」も増加傾向にあります。

　現在の喫茶店やカフェでは、ペーパードリップで1杯ずつ抽出する店が多くなっています。しかし私が開業した1990年以前の昭和の喫茶店では、1杯ずつ抽出する店は少なく*、ネルで大量に抽出し温めて提供する店、また

はコーヒーメーカーを使用している店が主流でした。

　浸漬法は、フレンチプレス、サイフォンなどが代表的で、「粉全体が湯に浸っている状態で成分を抽出する方法」です。1980年代までの日本の喫茶店は、サイフォンを使用する店が多く見られました。

　「フレンチプレス」の器具は、私がこの仕事を始めた頃は紅茶用として普及していましたが、日本では2000年以降徐々にコーヒー用として使用されるようになりました。

＊ ハーフポンド（約227g）もしくは1ポンドのやぐらにネルをセットし、200～250g程度の粉で3L程度抽出していました。それだけ、喫茶店でコーヒーが多く消費されていた時代です（コーヒー生豆は、現在もポンド単位の価格で取引されています）。

chapter 5

コーヒー抽出の 基本のき

抽出とは、「粉砕したコーヒーの粉に、85〜95℃程度の熱水を注ぐ、もしくは浸すなどの方法により、コーヒーに含まれる純良な成分を溶解し、浸出させ、飲用に適する抽出液を作ること」です。おいしいコーヒーは、有機酸による酸味、ショ糖による甘味、メイラード化合物（焙煎過程で褐色反応が起こり生豆とは違う成分ができます）などの苦味やコクがバランスよく溶解されたものと考えられます。

コーヒーの風味は、①粉の粒度、②粉の量、③熱水の温度、④抽出時間、⑤抽出量により影響を受けます。同じ抽出条件の場合「粒度が細かい、粉の量が多い、熱水温度が高い、抽出時間が長い、抽出量が少ない」状態であれば、成分の溶解度は高くなり、液体の濃度（Brix）*は高くなります。結果として濃縮感のある風味になります。

したがって、抽出においては、自分の好みに合う風味を生み出す粒度、粉の量、熱水温度、抽出時間、抽出量を理解することが「基本のき」です。

＊Brixとは、溶液100gあたりに、溶質が何g溶けているかを表した質量パーセント。

粉の量

1人分は最低15g程度を使用したほうが風味を表現しやすく、90秒から120秒程度で120〜150ml抽出します。2人分は25gを使用し120秒から150秒程度で240〜300ml抽出します。

熱水の温度と抽出時間

85℃から95℃程度の温度が抽出には適切です。ただし、熱水の温度と抽出時間は相関があり、95℃で150秒抽出したものと85℃で180秒抽出したものは近い濃度になります。
80℃と温度を低くした場合、抽出液の温度が下がるため、できれば90℃以上が好ましいでしょう。

粉の粒度

焙煎度に関わらず常に粒度は一定にして抽出したほうが風味は安定します。そのため粒度のブレが生じにくいミルがよいでしょう。粒度が細かいほうが成分の溶解度が増し、特に苦味が増します。

条 件 を 変 え た
抽 出 を 比 較 す る

　フレンチロースト（pH5.7）の豆を使用して、粉の量、抽出時間、粒度、抽出量を変えて抽出してみました。中挽きの粉を15g使用し、120秒で150mlの抽出が基本となりますが、柔軟に考えても構いません。よい焙煎豆であれば、下の表の条件内で抽出した場合、おいしいコーヒーはできます。最終的には、焙煎度の違う豆を試してみて、自分にとってどの濃度が心地よいのか自分で判断するとよいでしょう。

粉 の 量、抽 出 時 間、粉 度、抽 出 量 の 違 い に よ る
濃 度（Brix）の 違 い

120秒 150ml	Brix	15g 150ml	Brix	15g120秒 150ml	Brix	15g 120秒	Brix
10g	1.00	90秒	1.25	細挽き	1.55	120ml	1.65
15g	1.45	120秒	1.45	中挽き	1.45	150ml	1.45
20g	1.65	150秒	1.50	粗挽き	1.25	180ml	1.10

中挽きの粉を15g使用し、120秒で150ml抽出するとバランスのよい風味になると考えられます。

さまざまな
ドリッパー

ぺ　ーパードリップ用のドリッパーの種類は近年増えました。形状は、大きく分けて台形と円錐形があります。台形は、底の穴が1つのものと3つのものがありますが、両者ともに熱水がたまる構造で、透過法でありながら浸漬法の要素が加味されます。ドリッパーの底が平らなウェーブ式もあります。

保水性は、ドリッパーの内側に刻まれているリブ（溝）と呼ばれる突起した部分の有無や長さが影響します。共に熱水は下部に流れますが、一部は側面からも流れます。

台形と円錐形では、ドリッパーのリブに違いが見られます。理屈では、リブが長いほうが、熱水の通り道を作りますので早く落ち、短いほうが緩やかになります。ただし、抽出者が抽出速度（注ぐ熱水量と抽出時間など）を調整すれば、風味の差異は出にくいといえます。

ペーパードリップの場合は、熱水の注ぎ方で風味をコントロールできるので、ドリッパーの形状は、焙煎豆の焙煎度や粒度などに比べれば風味への影響は小さいと考えられます。さまざまなドリッパーがあるので、好みで選択してください。

適切なドリップであれば、コーヒーの成分の多くは、初めの1/3ほどの抽出量で溶解し抽出されます。それ以降は、抽出液の色が徐々に薄くなり、成分の溶解はなくなっていきます。抽出液の色を見ながら抽出してみてください。

台形

円錐形

底が平らなウェーブ式

抽 出 の 段 階 に よ る
風 味 の 差

25gの粉（シティロースト）を使用し、初めの100ml、中間の100ml、最後の100mlと分けて抽出してみると、それぞれ抽出液の色が違うのがわかります。3つの抽出液を味覚センサーにかけました。初めの1/3の抽出のうちに酸味、コク、苦味が強く出ているのがわかります。中間の1/3では成分が半分以上抽出され、最後の1/3は可溶性の成分が多くは残っていないことがわかります。このため、最後の1/3を抽出しないで熱水を加える方もいます。しかし、よいSPは最後まで抽出しても雑味は出ないのでそのようなことをする必要はないと考えます。

水の違いによる風味の差

■ 酸味　■ コク　■ 苦味

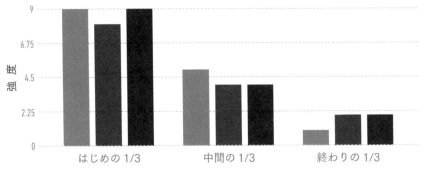

抽出の初期段階で酸味、コク、苦味成分の多くが抽出されています。

左から初めの1/3、中間の1/3、終わりの1/3。

メーカー推奨の方法で淹れてみる

抽出に使われるドリッパーはさまざまで、淹れ方もさまざまです。何が正しいかは一概にはいえません。最終的には、よい成分が抽出され、負の味（極端な酸味、苦味、渋味、濁りなど）がなければよいと考えます。つまり、品質のよい焙煎豆を使用することが大前提なのです。

生豆を焙煎すると、水分が蒸発し、細胞組織は収縮しますが、さらに加熱すると内部は膨張し、蜂の巣のような空洞（多孔質構造＝ハニカム構造）ができます。このときコーヒーの成分は、空胞の内壁にも付着し、炭酸ガスが閉じ込められます。

抽出のプロセスとしては、熱水が空胞の壁に付着している成分を溶解し、次に空胞を作っている繊維質の部分を柔らかくし、その成分を溶解していきます。

まずは、ドリッパーメーカーの推奨する淹れ方を参考にして抽出してみてください。焙煎豆の品質がよければおいしいと感じるはずです。

焙煎豆が新鮮（煎り立て）、また焙煎度が深い（水分がより抜けている）場合は粉が水分を吸収して膨らむので、粉に熱水が浸透するのに若干時間がかかります。

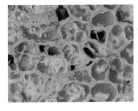

電子顕微鏡750倍で見た多孔質構造。空胞は炭酸ガスで満たされ、可溶物が閉じ込められています。

メーカー推奨の方法

カリタ

92℃の湯を30mlゆっくり注ぎ30秒待ち、2段目は「の」の字を書くように3周させて湯をのせる。3〜4段目は2段目と同じように「の」の字を書くように湯をのせていく。

メリタ

内側に刻まれたリブがお湯の流れをコントロールする設計。コーヒーを蒸らした後、必要な杯数分のお湯を一度に注ぐ。豆の量と湯温は好みで調整する。

ハリオ

93℃の湯を注ぎ、30秒蒸らしてから、3分以内で抽出する。10〜12gで120ml抽出が基準。

chapter8

本書推奨のコーヒーの淹れ方

　書では、円錐形のドリッパーで
本　の抽出を基準としています。熱
水の温度は90〜95℃（初めに粉に触
れるときの温度）を目安にします。抽
出の前半は30mlを注ぎます。

　抽出の後半は注ぐ量を50ml程度に
増やし、180秒で300ml抽出します。
慣れるまで抽出時間は前後するかもし
れませんが、練習すれば時間通りに仕
上げることができるようになります。

推奨する抽出方法

1人分、シティローストの粉15gを使用し120秒前後で150mlの抽出を目安にして
練習します。タイマーとはかりを使用してください。ただし、1人分の抽出は粉の
量が少なく、安定した風味にするにはややスキルが必要なので、初めは抽出しやす
い2人分で淹れるのもよいでしょう。2人分は、シティローストのやや粗挽きの粉
25gを使用し、180秒前後で300ml程度抽出します。

1 中挽きの粉25g（2人分）を平らにします。

2 90〜95℃の熱水を30ml注ぎ（初めに30ml
がどの程度の量かを確認しておきます）、粉
に浸透させます。

3 20秒待ち、粉の成分が浸出する状態にしま
す。

4 さらに30ml注いで抽出を進行させ、また20
秒待ち、30ml（後半は50ml）を注ぐことを
繰り返します。

chapter 9

堀口珈琲研究所のセミナーで 行っている抽出方法

抽出の最終目標は、粉の量と時間を考慮し、適量の熱水をコントロールして注ぎ、求める風味の抽出液を自在に作ることです。

抽出のスキルは、①狙ったところに熱水を適量注ぐことができる、②10回抽出し同じ風味にできる、③1人分の抽出液と4人分の抽出液の風味を同じにできる、などでしょうか。これができればプロのレベルといえます。

1 / シティロースト中挽きの粉25gを使用、粉を平らにし10ml程度の熱水を断続的に注ぎます。

▶ 粉に湯を浸透させ成分を溶解するプロセス。湯が流れるように落ちるのは熱水を注ぎすぎています。

2 / 初めの濃厚な1滴が20〜30秒程度で落ちるようにします。

▶ 初めの1滴をファーストドリップといい、落ちるまでの秒数は風味に大きな影響を与えます。

3 / その後30mlの熱水を注ぎ、20秒待ち、さらに30mlを注ぎます。これを繰り返します。

▶ 溶解した成分を徐々に浸出、ろ過させるプロセス。ここまで90秒で100ml程度を抽出します。

4 / 抽出量と抽出時間をコントロールし、最終的には150秒で240ml抽出します。

▶ 適度な濃度に調整するプロセス。初めに注いだ熱水で上部の層が抽出され、抽出された液体がさらに下層の粉に浸透し抽出が継続されていきます。

ドリップは、湯を注ぐ量や注ぐタイミングで個人差が出ます。できるだけ同じ風味になるように練習し、自分なりの抽出の感覚をつかんでください。

chapter10

ネルドリップで
淹れてみる

ネ ルドリップは、ペーパードリッ
　プと同じ抽出方法で構いませ
ん。ネルの場合は、側面から出る熱水
の量が少なく、底にたまる量が多くな
るので、濃度のあるコーヒーができや
すくなります。

　片起毛のネルであれば、起毛を外側
にします。熱水を注ぐと起毛がたつた
め、熱水が横から抜けにくくなり、保
水性がよくなると考えられます（逆に
起毛を内側に入れるほうがよいという
見解もあります）。したがってコクの
ある抽出液を作りたいならペーパード
リップよりもネルドリップのほうが向
いています。

ネルの保管方法

　布が乾燥しないように水につけ、適宜
新鮮な水に取り換えるのが一般的です。
長期間使用しない場合は、ビニール袋に
入れて冷凍庫での保管でも構いません。

　抽出時はタオルなどで挟み、ネルの水
分をとります。ネルに含んだ水分の量は
保水性に影響し、水分が多いと湯が早め
に落ちてしまいます。

　また、ネルの使用回数が多いほど、起
毛がなくなり保水性が低下するので、40

〜50回くらいの使用でネルを取り替えま
す。ネルが含む水分量、ネルの使用頻度、
さらには焙煎豆の鮮度（炭酸ガスが多く
含まれ粉が膨らむ）により風味が変動す
るので、風味を一定にするのはペーパー
より難しいといえます。

　なお、新しいネルは、使用前にぬめり
をとるため5分程度煮沸します。

フレンチローストの粉15gに対し120秒で150mlを抽出します。
2人分の場合は25gの粉を使用し、180秒で300ml抽出します。

1

ネルは水に入れた状態で保存してあるので、まず軽くしぼって水気をとります。

2

軽くしぼったネルをさらに乾いたふきんで包み、ふきんの上からたたいてよく水気をとります。

3

ネルに中挽きの粉15gをセットし、90〜95℃の熱水30mlを中心部から円を描くように注ぎ（500円玉程度の範囲、熱水は粉の横にも浸透していきます）、20秒程度待ちます。

4

さらに30mlを注いで20秒待ちます。これを繰り返します。

5

120秒程度で150ml抽出します。粉を増やす、注ぐ量を減らす、抽出時間を長くするといった調整をすればより濃度のあるコーヒーができます。

ネルは常に水に入れた状態で保管します。乾燥させてはいけません。

クレバー（CLEVER）で
淹れてみる

初心者でも安定して抽出ができ、かつ便利な台湾製のドリッパーで、購入はネットからになるでしょう。ドリップのスキルを必要とせず、ドリッパーの中で粉が熱水に浸っている状態なので、浸漬法ということになります。

　クレバーは抽出レシピを決めてしまえば、風味の変動が少なく、家庭やカフェなど他の作業と並行してコーヒーを抽出したいときには便利です。

　また、同時に多くのサンプルを抽出し、風味を比較するときにも便利です。

15g の粉に対し 180ml の熱水を注ぎ、
3回攪拌し4分で150mlを抽出します。

1 ／ ドリッパーにペーパーをセットして、中挽きの粉15g を準備し、95℃前後の熱水180mlを一気に注ぎます。

2 ／ 新鮮で焙煎の深い粉の場合は、膨らみが大きくなるので、熱水を注いだら3〜4回軽く攪拌します。

3 ／ 4分待ってからグラスポットやカップにのせると、そのまま抽出液が落下します。

フレンチプレスで淹れてみる

フレンチプレスは、コーヒープランジャーやカフェプレスとも呼ばれます。容量350mlの容器に粉15gを入れ、180mlの熱水を注ぎます。粉の量、熱水量、抽出時間は好みで調整すればよいでしょう。

　焙煎の深いコーヒーの場合、豆の表面に微量のオイル分がにじみ出ます。このオイル分が抽出されるため「ペーパードリップよりBody感（粘性、なめらかさ）が増す」といわれることもありますが、微粉が混ざるのでそうともいいきれません。逆に、このオイル分になじめない人もいますし、焙煎豆中の脂質が溶解している訳でもありません（エスプレッソは、圧力をかけた抽出なので微量ですが脂質が溶解し、Brixが高く濃度のあるコーヒーになります）。

　また微粉がペーパードリップより多く金属フィルターをすり抜けるので、抽出液がやや濁ります。微粉やオイル分が気にならない方には便利な抽出器具といえます。

15gの粉に対し180mlの熱水を注ぎ、4分で150ml程度を抽出します。

1／容量350mlの容器にやや粗挽きの粉15gを入れます。

2／90〜95℃前後の熱水を半量の100ml程度注ぎます。新鮮な粉、焙煎の深い粉は膨らむので、スプーンで2〜3回撹拌し、さらに残りの80mlを注ぎます。

3／4分待ち、プランジャーをゆっくり押し下げて抽出します。

chapter13

金属フィルターで
淹れてみる

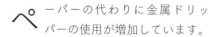

ペーパーの代わりに金属ドリッパーの使用が増加しています。

ステンレスや純金メッキなどがあり、さらにメッシュの細かさに微妙な差異（ダブルメッシュなど）があります。私はペーパーが切れたときのためにステンレスドリッパーを1つ用意していますが、ペーパーとは微妙に風味や抽出液の質感が変わります。基本的には、フレンチプレスと同じように微粉が抽出液に混ざり、濁りが生じます。また、焙煎度の深い豆の場合は、フレンチプレス同様、オイル分が金属フィルターを通過するので、抽出液の表面にかすかにオイル分が見られる場合もあります。この舌触りに抵抗感がなければ便利ですが、濁り感が嫌という方には向かないでしょう。

一般的に金属フィルターは、紙より保水性はありません。早く抽出液が落ちる傾向があるので、高温で素早く抽出するのがよいと考えられます。ただし、目詰まりすると後半は熱水が落ちにくくなるので、使用頻度によって微妙に抽出時間に変化が生じます。頻繁に煮沸したり、食器洗浄機で洗ったりといった対応が必要です。

15gの粉に対し120秒で150mlを抽出します。

1 ステンレスドリッパーに中挽きの粉15gをセットします。

2 95℃の熱水を30ml注いで、20秒待ち、さらに30mlを注ぎ20秒待ちます。

3 これを繰り返します。120秒で150ml抽出します。

chapter14

サイフォンで淹れてみる

1990年以前の喫茶店全盛期は、ガスバーナーを使用してサイフォンで抽出する店が多くありました。ごく一部ですが、家庭でアルコールランプを熱源にして抽出する人も見られました。1990年以降は、喫茶店にペーパードリップが普及し、サイフォンの使用は減りました。

しかし、2007年以降、SCAJ（日本スペシャリティコーヒー協会）で「ジャパン サイフォニスト チャンピオンシップ」という競技会が広まり、また

アルコールランプによる加熱

サイフォン用のハロゲンランプが開発されたため、喫茶店などで見直され使用が増加傾向にあります。ただし、一般家庭での使用は少ない状況です。

15gの粉に対し60秒で150mlを抽出します。

1／下部のフラスコに180mlの熱水を入れ、上部のロートにネルのフィルターをセットし、中挽きの粉15gを入れ下部のフラスコに差し込みます。

2／アルコールランプに点火すると、熱水が上部に移行するので、数回粉を攪拌し1分程度待ちます。

3／アルコールランプを外すとフラスコの内圧が下がり、抽出液がフラスコに落ちます。

抽出液の濃度と風味を調べてみる

さまざまな抽出方法で抽出したコーヒーの濃度（Brix）を計測し、味覚センサーにもかけてみました。コーヒーサンプルは、シティロースト（pH5.4）の同じ豆を使用し、15gで150mlを私が抽出しました。円錐形、台形、ステンレス、ネルは、抽出量、抽出時間をそろえ、できるだけ同じ方法で抽出しました。

円錐形とネルドリップが、濃度のあるコーヒーを作りやすい印象でした。ただし、濃度は、熱水の注ぎ方でも変わりますので参考程度にとどめてください。

7種の抽出方法と濃度（Brix）

器具	時間（秒）	Brix	風味
円錐形	120	1.45	酸味とコクのバランスがよい
台形	120	1.35	かすかな酸味の余韻
クレバー	240	1.25	かすかに紙の匂いが残る場合がある
ステンレス	120	1.15	やや濁り感があり、独特の風味
ネル	120	1.45	やや酸味もあり、しっかりした風味
フレンチプレス	240	1.35	微粉ありやや濁り感、180秒でもよい
サイフォン	90	1.30	120秒だとやや風味が重くなる

さまざまな抽出方法による風味差

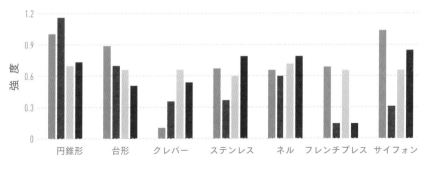

上のグラフは7種の抽出方法で抽出した抽出液（シティロースト）を味覚センサーにかけてみた結果です。グラフにはややバラつきが見られました。円錐形、台形は酸味に特徴が見られ、ネルは風味バランスのよい結果となっています。クレバーは酸味が弱く、ステンレス、フレンチプレス、サイフォンはややコクが弱い結果となっているので、粉の量と抽出時間を微調整すれば、風味バランスがよくなると考えられます。

プアオーバー（Pour Over）と
アイスコーヒー

2010年前後から、米国の一部のコーヒーショップは日本のペーパードリップに影響を受け、エスプレッソ以外にハンドドリップのコーヒーを提供するようになりました。ハンドドリップは、米国ではプアオーバー（上から注ぐ）と呼ばれて、世界的な広がりを見せ、バリスタのスキルの1つに加えられました。

日本では冷たいコーヒーが、よく飲用され、さまざまな抽出方法が開発されてきました。2010年頃からはヨーロッパの夏の気温上昇の影響もあって、北欧のコーヒーショップでも冷たいコーヒーのメニューが見られるようになりました。現在では米国など多くの国でアイスコーヒーが飲用されています。

日本では、アイスコーヒー用として苦味の強い豆も売られていますが、フレンチローストのブレンドもしくはストレート（シングルオリジン）を選択すればよいでしょう。

日本の伝統的な1杯用のアイスコーヒーの作り方は、急冷法（2人分）です。フレンチローストの粉30gを使用し、150秒で200ml程度抽出します。

1/ 氷を淵まで入れたグラスに熱いコーヒー100mlを一気に注ぎます。粉の粒度は中挽きか、やや粗くします。細かくすると苦味が強くなります。

2/ アイスコーヒーにはフレンチローストがおすすめです。ミディアムローストの場合は酸味が強くなって透明感にも欠けます。

chapter16

アイスオーレなど
ミルクを加える場合の作り方

　アイスオーレの場合はかなり濃度のあるコーヒー抽出液でなければミルクに味が負けます。30gの粉を使用し、180秒で3人分の180ml程度抽出し、冷蔵庫で冷やしておきます。氷の入ったグラスにコーヒー60mlを入れ、ミルク60mlを加えます。

　欠点豆の混入がなく、新鮮な焙煎豆であれば翌日まで風味の変質（酸化）が少なく、また液体の透明感も落ちません。2010年代には、米国のスタンプタウン社などが水出ししたコーヒーに窒素ガス（Nitrogen）を混ぜて生ビールのように抽出する泡立ったコーヒーを発売し、ニトロコーヒー*と呼ばれました。この頃からコールドブリュー（Cold Brew：水出し）という言葉が一般化し、今では瓶入りやペットボトル入りのものも多く販売されるようになっています。

＊ニトロコーヒーは、スタウトコーヒー（Stout/濃く味の強いビールなどの意味）とも呼ばれ広まりつつあります。ギネスビールのようななめらかで深みのあるニュアンスの味になります。

＊アイスオーレは、カフェオレのアイス版で、コーヒー＋ミルクですが、アイスカフェラテは、エスプレッソ＋ミルク（p53）になります。エスプレッソは、Brix10程度の濃厚な味ですので、ミルクの味に負けません。

スタウトコーヒー
きめ細かな泡がなめらかな舌触りをもたらします。窒素充填の専用サーバーが必要になりますが、クリーミーな感覚は新しいアイスコーヒーの風味といえます。

アイスオーレ
濃厚でしっかりした風味のアイスコーヒー（Brix3.0程度の濃度）を作るのがポイントです。アイスコーヒーとミルクを1:1の割合で作ります。

水出しコーヒーを作る

水出しコーヒー（ウォータードリップ）は、かつてオランダ領であったインドネシアで行われていたため「ダッチコーヒー」（Dutch Coffee）とも呼ばれます。木にコーヒーと水を入れた袋をつるして、落ちてくる抽出液を受けて作ったコーヒーが起源となっているようです。

水出しコーヒーは、専用器具を用い、日本の喫茶店の一部で提供されています。やや細かめの粉を使用し、水を点滴のようにゆっくりと、8時間ほどの時間をかけて落として抽出します。

最近は、水出し専用の簡易的な器具も多く、また、紙パックに粉を入れて水に浸しておくだけでも簡単に作れます。粉10g に対し水100ml 程度の割合で抽出します。水出しは、苦味が柔らかくなりますが、反面香りは弱いように感じます。

業務用の水出しコーヒーの器具

粉と水を入れておけば簡単にアイスコーヒーを作ることが可能

chapter18

抽出専用の
ポットを選ぶ

ドリップの場合、抽出専用ポットがあると便利です。狙った位置に、適量を注ぐことができるものがよいポットといえます。

やかんや電気ポットで沸騰させた熱水をこの抽出ポットに入れると96℃前後になります。熱水が初めに粉に触れるときの温度は大まかには93〜95℃程度です。そこから熱水温度はやや下がっていきます。ポットはあまり重くないものが扱いやすいため、容量は0.7Lから1L程度のものをおすすめします。

私は、創業から15年くらいは喫茶店で抽出も行っており、ポットにもこだわりました。ユキワ（三宝産業（株））のポットの注ぎ口を曲げて1滴を落としやすい形状にしたものや、カリタの銅ポットをよく使用しました。

ドリップポット

湯沸かし機能付きのポット

chapter19

コーヒーミルを
選ぶ

コーヒーは、できるだけ豆で購入することをおすすめします。挽くのが面倒という方もいますが、豆を挽いたときの香りは心地よく快適です。

粒度は、最も風味に影響を与えるので、一定の粒度で挽けるミルが最適です。したがって、ダイヤルつきで粒度調整できる電動ミルが理想です。

手動ミルの場合も、粒度を固定できるものがよいでしょう。

比較的安価なものとしては、プロペラ式の筒形の電動ミルがあります。プロペラを回転させて挽きますが、粒度がばらつきます。必ず、途中で1回振って粉を混ぜて、さらに「何秒で挽く」など挽く時間を決めておく必要があります。

大学の研究室では、比較的価格の安いデロンギ KG366J を使用しています。イタリア製で家庭用のエスプレッソマシン用に細かく挽けます。また、ドリップの場合は一番粗い粒度で対応できるので便利です。

堀口珈琲研究所では、業務用のR-440（フジローヤル）を使用しています。補助機として使用しているミルっこ（フジローヤル）、ナイスカットミル（カリタ）は、家庭用としては最上級のミルといえます。この2つは小さな喫茶店やカフェでも使用できます。

このように、さまざまな手動ミルがあるので、好みで選んでください。性能のよい手動式ミルであれば1人分の焙煎豆15g を45秒程度で、2人分25gを75秒程度で挽くことができます。

さまざまな手動ミル。軽やかに挽けるものが性能がよいといえます。

左より、デロンギKG366J、カリタナイスカットミル、フジローヤルR-440、ハリオV60電動グライン
ダーコンパクト。

chapter20

コーヒーの
粒度

　コーヒー豆を挽いたサイズを粒度や
メッシュといいます。

　粒度には、大きく分けて「極細挽き」
「細挽き」「中挽き」「やや粗挽き」「粗
挽き」の5種類があります。粒度は、
細かければ細かいほどコーヒーの成分
がより抽出されやすくなり、濃度が高
く苦味の強い味わいになります。反対
に、粒度が粗ければ粗いほどコーヒー
の成分が抽出されにくくなるので、濃
度は薄く苦味は弱くなり、酸味が強い
味わいになります。適した粒度は焙煎
度により微妙に変わるので、初めは固

定してください。慣れてきたら微調整
すればよいでしょう。

　堀口珈琲研究所では、粉を1mmの
篩にかけ50％程度が通過する粒度に
設定しています。なお、大学での分析
用には40メッシュの篩（そば打ちの
篩と同じ程度）にかけたので、細かく
するのがかなり面倒でした。

写真はやや粗挽き。中挽きといっても会社や店により粒度はかなり異なります。
自宅で毎回同じ粒度に挽くことが風味のブレを少なくします。

コーヒーの粒度

極細挽き

最も粒が細かく、パウダー状の大きさです。エスプレッソやイブリック（トルコ式）用になり、この粒度まで挽くには専用のミルが必要になります。抽出すると非常に濃厚で苦味が際立ちます。

細挽き

粒の大きさはグラニュー糖程度。お湯と触れる表面積が大きくなり、成分が早く溶解します。そのため、酸味が少なく濃厚で苦味の強い味わいになります。
水出し（ダッチコーヒー）、マキネッタ（直火式エスプレッソメーカー）などに向きます。

中挽き

大きさとしては、ザラメ糖より小さくグラニュー糖より大きい程度です。多くの場合この粒度で挽かれることが多くなります。苦味と酸味のバランスがとれた味わいで、さまざまな抽出方法に対応しています。
コーヒーメーカー、サイフォン、ネルドリップ、ペーパードリップなどに向きます。

やや粗挽き

粒がやや粗く、やや時間をかけて抽出する場合に向きます。粉をお湯に浸す浸漬法に向いており、あっさりした仕上がりになります。粗挽きのコーヒーは、苦味が少なくなる傾向が見られ、酸味がやや際立ちます。深い焙煎の豆をペーパードリップやネルドリップで抽出すれば、やわらかで優しい苦味を表現できます。
フレンチプレス、パーコレーター、容量の大きなコーヒーメーカー向きです。

粗挽き

250gもしくは500g程度の粉をネルで抽出する場合などに向きます。粉の量が多いため、細かめだと熱水が落ちにくくなり、また苦味が強く出過ぎます。

2 エスプレッソを淹れる

エスプレッソを
楽しむ

1990年の開業時は、まだ喫茶店やコーヒーショップではエスプレッソの提供はほとんどない時代でした。私は、業務用コーヒーとして、イタリアンレストラン向けのエスプレッソ（Espresso/ イタリア語）を作るためにアストリア社のエスプレッソマシンを購入しました。しかし、当時の日本では「エスプレッソとは何か？」を理解しているコーヒー関係者は極めて少なく、やむなくイタリアに何度か足を運びました。

最終的にわかったことは、コーヒー豆の種類や焙煎度に関係なく、「マシンで素早く抽出することこそがエスプレッソ（英語で Express）」ということでした。1日に500杯のコーヒーを素早く抽出するには最適の方法ということです。

当時のイタリアでは、アラビカ種＋カネフォーラ種（ロブスタ種：PART3 参照）のブレンドが一般的だったので、初めはインドネシアのジャワロブスタ品種をブレンドしましたが、最終的にはアラビカ種100% に落ち着きま

写真デンマークのコーヒーショップ（上）、日本のコーヒーショップ（下）。

した。イタリアの水と異なり日本の水は軟水なので、焙煎が浅めだと酸味が強く出やすく、アラビカ種をフレンチローストにしました。多くのイタリアンレストランやフレンチレストランに行き、現場のマシンを使用して、オーナーの好みの風味に合わせてブレンドを作りました。

結局、新鮮で品質のよい焙煎豆で抽出すればおいしいエスプレッソができるのです。

chapter2

エスプレッソとは
濃度のある
コーヒー

日本では、喫茶店などのドリップコーヒーが伝統的な抽出文化を形成しています。しかし、世界の消費国および生産国のカフェやコーヒーショップでは、エスプレッソマシンがより多く使用されています。これらは、イタリアのBARやイタリアンレストランの影響（食後にエスプレッソを飲むことが多い）、スターバックスなどのシアトル発祥のコーヒーショップの拡散[*]、2000年以降のバリスタ選手権[*]の影響などが考えられます。

[*]2000年代は、スターバックスとともにシアトルの米国タリーズ（Tully's Coffee Corporation）やシアトルズベスト（Seattle's Best Coffee）が3大シアトル派といわれていました。

[*]バリスタ選手権は、日本ではSCAJ（日本スペシャルティコーヒー協会）の主催で開催され、決められた制限時間の中で3種類のドリンクを提供します。まず「エスプレッソ」、そして「ミルクビバレッジ」、最後に「シグネチャービバレッジ」と呼ばれる創作ドリンクを提供します。味覚評価だけでなく、提供するまでの全ての作業内容の適切性、正確性なども評価されます。優勝者は世界大会（WBC：World Barista Championship）に派遣されます。また日本には、JBA(日本バリスタ協会)もあり、こちらも競技会を開催しています。

エスプレッソは、苦いコーヒーではなく濃度のあるコーヒーです。イタリ

デロンギ MAGNIFICA。

アのエスプレッソの基本抽出は、7gの粉を30秒で30ml抽出（1秒間に1ml）します。9気圧の圧力をかけるため、ペーパードリップやフレンチプレスの一般的な抽出濃度（Brix1.5前後）に比べ、可溶性成分の多くが抽出されてBrix10前後の高濃度の抽出液となり、70℃程度の温度で提供されます。ただし、早い抽出のため有機酸やカフェインの抽出量はやや減少します。

エスプレッソマシンの性能向上に伴い、よりおいしい風味を求め、1杯あたりに使用する粉の量は増加傾向にあります。

エスプレッソマシンでは、高圧抽出によって本来水に溶けない油脂分がカップ1杯当たり0.1g程度乳濁した油滴の状態で抽出されます[*]。また、二酸化炭素の小さな気泡がコロイド溶液（2つの物質の粒子が均一に混ざった状態）を作り、脂溶性の香り成分とともに、しっかりしたボディを感じることができます。

* Ernesto Illy/The Complexity of Coffee/ Scientific American/2002

エスプレッソは、主にイタリア、フランス、スペインなどで広く飲用されていましたが、現在は米国、北欧、オーストラリアなどの消費国のみならず、多くの生産国にも広がり、世界的に見れば抽出方法の主流となっています。

現地に行ったときの写真

ローマ　フローレンス　ベニス

オスロ　ヘルシンキ　コペンハーゲン

パリ　ポートランド　シアトル

chapter3

業務用
エスプレッソマシン

エスプレッソマシンは、1901年ルイジ・ベゼラ（Luigi Bezzera）の蒸気圧コーヒー抽出器を起源として発展してきました。現在、業務用のエスプレッソマシンは、セミオートマシンと全自動マシンに区分され、両者ともに家庭用にも応用されています。

2000年以降急速に増加したエスプレッソマシンは、2010年代になると、セミオートタイプの種類が多くなりました。2010年代にはマシンの安定性が著しく向上し、ダブルボイラー（熱水・スチーム用と抽出用）、抽出温度調整（焙煎度で変えたりする）、粉が多く入るフィルターホルダーなど多機能になってきています。また、専用ミルは、自動で正確に適量が挽けるようになるなど性能が飛躍的に向上しています。

一般的な抽出方法は、①極細の粉が挽ける専用のミルを使用し、②粉をフィルターホルダー（ポルタフィルター）に適量入れ、③タンパーで粉を均一に押し固め、④本体にフィルターをセットして抽出します。また、付属している蒸気ノズルでミルクを泡立てることができます。バリスタは、毎朝、メッシュの調整、抽出時間、抽出量などの調整をします。

対して、全自動マシンは、あらかじめ設定さえしておけばボタン1つで抽出量が選べ、ミルクメニューも作ることができます。1日の抽出量が多ければ、連続抽出性能のよいマシンが必要です。業務用マシンは給排水設備と200Vの電源が必要になり、専用の浄水器をつけます。

LA CIMBALI のエスプレッソマシン

chapter 4

イタリアの
BAR

エスプレッソ発祥のイタリアでは、毎朝出勤前に BAR[＊]（バール）で1杯エスプレッソを飲んでいくことが多く、朝から人の波がとぎれません。地域密着のコミュニケーションの場でもあります。イタリアでは、風味のバランスを整えて飲みやすくするため、砂糖とクレマ＊と抽出液を混ぜて飲みます。

イタリアのBARの場合、エスプレッソといっても抽出量はさまざまです。

リストレット（Ristretto）は20ml前後の抽出量で濃厚なエスプレッソ。イタリアの南に行くほど多く飲まれます。標準のエスプレッソ（Espresso）は30ml前後で定番です。ルンゴ（Lungo）はやや薄く50ml前後のエスプレッソです。

イタリアには多くのバールがあり、日常的に使用され、セカンドカーサ（第2の家）といわれることもあります。一方、広場の周辺などには飲食可能なフルサービスのカフェも多くあります。こちらはテーブルで会計をします。

＊林茂 / イタリアの BAR を楽しむ / 三出版出版会 /1997
＊横山千尋 /BARISTA BOOK/ 旭屋出版 /2006

ベニスの BAR

BAR の朝食

＊イタリアの BAR は、街のいたるところにあり朝、昼、夜と利用されます。簡単な食事もでき、酒も置いてあります。BAR では一般的にはレジで支払いを済ませレシートをカウンターに出します。バリスタはエスプレッソを提供したらレシートを半分破ります。多くの場合立ち飲みですが、テーブルのある店もあり、こちらはフルサービスで料金が高くなります。

＊クレマは、エスプレッソの上に浮かぶ泡で、きめ細かく厚みがあり、すぐに消えないものがよいといわれます。豆の鮮度がよければ炭酸ガスが多く、きれいなクレマができます。

chapter 5

世界中に広がる
エスプレッソ

米国ポートランドのコーヒーショップ

イタリアのBARを原型として、1990年代からスターバックスなどのシアトル系（Seattle/スターバックスの本社がある）の店が増加しました。2000年代以降米国のコーヒー業界に新しい風を吹き込んだスターバックスの発達は著しく、その動きは一部でセカンドウェーブ*とも呼ばれました。

その後、スターバックス以外にシカゴのインテリジェンシア（Intelligentsia Coffee）、ポートランドのスタンプタウン（Stumptown Coffee Roasters）、サンフランシスコのブルーボトル（Blue Bottle Coffee）などの動きが活発化し、2010年以降には「シングルオリジンへの模索、エスプレッソ以外のプアオーバー（ハンドドリップ抽出）、厨房を見せる店舗スタイル、店内で使用できるWi-Fiなど」による新しいコーヒーカルチャーの勢力が生まれはじめました。この新しいムーブメントは一部でサードウェーブ*とも呼ばれました。

近年ではそれらの店に影響を受けた新しい店も世界中に多く誕生しています。エスプレッソムーブメントは、日本、北欧、オーストラリアやコーヒー生産国を含む世界中に広まっています。現在はアジア圏にも多くの店ができています。基本はセルフサービスです。

＊1960〜70年代までの米国のコーヒーは、大量生産、大量消費と価格競争の時代でした。その後1982年に中小ロースターを中心にSCAA（米国スペシャルティコーヒー協会）が誕生しています。低価格、低品質コーヒーの時代に対し、スターバックスなどの新しい動きは、セカンドウェーブとも呼ばれました。

＊2002年SCAAのロースターギルドのニュースレターに、トリッシュ・ロスギブ（Trish Rothgeb）が、当時の新しいコーヒーの動きに対しサードウェーブという言葉を使用しました。日本では2010年前後からこの言葉をメディアが頻繁に取り上げましたが、現在はあまり使用されなくなりました。

イタリア系、シアトル系、サードウェーブ系のコーヒーショップは、歴史や文化的な側面が異なります。おおまかな違いを下の表にまとめました。日本でコーヒーショップやBARに入ったら店内をよく観察してみてください。

ブルーボトル（サンフランシスコ）

インテリジェンシア（ロサンゼルス）

エスプレッソ文化圏のおおまかな違い

	イタリア系	シアトル系・サードウェーブ系など
マシンの向き	カウンターの向こう側に置く事例が多い、顧客に背中を見せ抽出する	カウンター上に置き顧客と対面の位置が多い、2010年以降は店内を見渡せるつくりの店も多くマシンの位置はさまざま
バリスタ	男性が圧倒的に多く専門職、ジョブ型雇用で一生その仕事をする傾向が強い、ただし最近は女性のバリスタも増えた	男女関係なく、アルバイトも多い、バリスタ選手権の影響が大きい
焙煎度	北部はミディアムローストで南部はやや深いがシティまではいかない、硬水で酸味は出にくい	スターバックスはダークロースト、サードウェーブ系はミディアムロースト程度が多いが、最近はやや深い焙煎も
生豆の種類	アラビカ種とカネフォーラ種のブレンドが多い	アラビカ種のみが多い
嗜好	朝の基本はエスプレッソ、ミラノなどはカプチーノもよく飲む	エスプレッソよりカフェラテその他アレンジメニューも多い
酒の扱い	アイス系のメニューは少ない　酒を置いている店が多い	アイス系のメニューも多い　酒を扱わない店が多い

chapter6

エスプレッソを 家庭で楽しむ

直火式エスプレッソメーカーとして認知されている有名な抽出器具に、ビアレッティ社（Bialetti）の「モカエクスプレス」があり、イタリアの家庭でよく使用されています。蒸気圧を利用したエスプレッソとは異なりますが、価格の高いエスプレッソメーカーの代わりに試してください。

使用方法は、①タンクに水を入れ、②ホルダーに極細の粉を入れ、③上部タンクを接続し、中火で沸騰させます。④抽出液が上部タンクに移動します。かなり苦味が出ますし、やや粉っぽくなります。

家庭用のエスプレッソメーカーは、自宅で手軽にエスプレッソを淹れるコーヒーメーカーとして、業務用のマシンの仕組みを模して造られています。セミオートタイプは、業務用のマシンのようにホルダーに粉を入れ、タンピングし、抽出口にホルダーをはめ込み抽出します。しかし、専用のミルも必要になるので、最近は人気がありません。

最近は、家庭用でもボタン1つで抽出量を選べる全自動タイプが主流です。

スチームノズルでミルクフォームを作るタイプと、ボタン1つでカプチーノなどのミルクメニューが楽しめるミルクフォーマーつきのものもあります。

日本の水は軟水なので、ミディアムロースト前後の焙煎豆では酸味は強くなりすぎます。エスプレッソには、シティローストからフレンチローストで、繊細な苦味と酸味が調和している豆を選んだほうがよいでしょう。家庭用の場合、給水はタンク式で100Vの電源に対応しているので、電気工事や給排水工事は必要ありません。

chapter7

定番のエスプレッソメニューを作る

家庭でもカプチーノやカフェラテを作ってみたいという方は増えています。本書ではデロンギの家庭用「マグニフィカS」全自動コーヒーマシンで作りました。すべてフレンチローストの豆を使用しています。

　ミルクジャグにミルクを入れて蒸気ノズルを差し込み、ミルクフォームとスチームミルクを作ります。

エスプレッソ

1／カプチーノ

やや肉厚の150ml容量のカップにエスプレッソ30mlを抽出します。フォームミルク（泡立てたミルク）とスチームミルク（温めたミルク）を作り、エスプレッソに注ぎます（このカップは30年前にイタリアで購入したものです）。

2／カフェラテ

やや肉厚の150ml容量のカップにエスプレッソ30mlを抽出し、スチームミルクを120ml程度注ぎます（このカップは韓国で購入した青磁です）。

3 / モカチーノ

カップにチョコレートシロップを入れ、エスプレッソを30ml抽出し、攪拌します。カプチーノを作る要領でフォームミルクとスチームミルクを120ml注ぎます（これはジノリ社のカプチーノカップです）。

4 / カフェマキヤート

マキヤートは染みという意味です。フォームミルクを50〜60mlカップに注ぎ、エスプレッソ30mlを注ぎます（フランスで購入したやや小ぶりのカップです）。

5 / アフォガード

アフォガードは溺れるという意味です。バニラアイスクリームをグラスに入れ、エスプレッソ30mlを抽出して注ぎます。

6 / アイスカフェラテ

氷と牛乳を入れたグラスにエスプレッソ30mlを抽出して注ぎます。

7 / アイスコーヒー

グラスに氷を入れ、エスプレッソをダブルで60ml抽出し、熱いまま注ぎます。

chapter8

エスプレッソの よい風味

世界的に見るとエスプレッソに使用する豆はさまざまです。アラビカ種のみの豆、アラビカ種＋カネフォーラ種の豆、ミディアムからフレンチローストの焙煎度の豆などが使用されています。したがって、風味についての評価は、一定ではありません。

　風味の変動要因は、①水質（国により違う）、②粉の粒度（メッシュ）、③抽出量、④タンピングのし方、⑤焙煎豆の種類（アラビカ種、カネフォーラ種など）、⑥焙煎度、⑦焙煎日からの日数（煎り立てより1週間程度時間経過したほうが風味を整えやすい）など多くあります。

　一般的によい風味は、チョコレート（バニラやカカオ）、フラワリー（花の

ような）、フルーティー（果実のような）などで、好ましくない風味はストロー（藁）、スモーキー（いぶしたような）、ナッツ（ピーナッツ）などがあげられます。私が考えるよいエスプレッソ風味と悪い風味を55ページの表にまとめました。

アラビカ種

カネフォーラ種

バール（コーヒーショップ）でエスプレッソを飲むのは、イタリア、フランス、スペインなどです。他のヨーロッパ諸国やアメリカなど多くの国ではミルクを入れたアレンジメニューが好まれています。エスプレッソを抽出した後にお湯を注ぐ「アメリカーノ」という飲み方もあります。

デンマークのコーヒーショップ

エスプレッソの風味

風味	日本語	よい風味	悪い風味
Aroma	香り	香りが高い	香りが弱い
Acidity	酸味	さわやかな酸味	酸がきつい、刺激的な酸味
Body	コク	濃縮感、複雑さ	薄っぺらい
Clean	きれいさ	雑味がなく、きれいな風味	濁りや雑味がある
Balance	バランス	濃厚な中にかすかな酸味がある	酸っぱい
Aftertaste	余韻	甘い余韻が持続する	余韻がない
Bitterness	苦味	柔らかい苦味	刺激臭、焦げや煙臭がある
Crema	外観	厚みのある泡が持続する	泡が薄くすぐに消える

エスプレッソの分析データ

エスプレッソの風味は、使用する豆、焙煎の度合い、粉の量などで変わります。また、ダブルのフィルターに粉を多く入れ、抽出する事例も多く見られるようになりました。チンバリ社のマシン（LA CIMBALI M100-DT/2）でさまざまなエスプレッソを抽出し、味覚センサーにかけてみました。

1／フレンチローストの豆（pH5.6）19gを使用し、ルンゴ（Lungo/50ml）、標準のエスプレッソ（Espresso/30ml）、リストレット（Ristretto/20ml）の3種を業務用マシンで抽出し、味覚センサーにかけました。

2／ハイ、シティ、フレンチローストの豆を抽出し、味覚センサーにかけました。

サンプル	Brix	テイスティング
Lungo	8.5	香りよい、明るい酸味、軽やか、やや苦味強い
Espresso	11.0	バランスよい濃度、心地よい苦味、明確な酸
Ristretto	13.8	複雑、濃厚、カカオ、アフターにトロピカルフルーツ

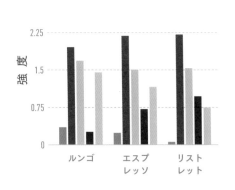

エスプレッソの抽出量

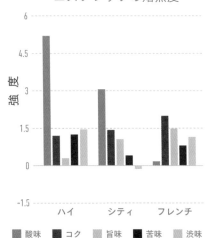

エスプレッソの焙煎度

■ 酸味　■ コク　■ 旨味　■ 苦味　■ 渋味

PART 2

コーヒーを
知る

　コーヒーの原材料である生豆には明らかな品質差があります。よい環境で適切な栽培・精製がされれば高品質のコーヒーができ、よい風味が生まれます。しかし、品質の悪いコーヒーからはよい風味は生まれません。コーヒーには品質差があるという当たり前を知ることがPART2のテーマです。

　PART3ではコーヒーを選ぶときに必要な風味を理解するために、さまざまな理化学的成分の分析値や官能評価の点数を掲載していますが、PART2では、それらを理解するための基礎知識として、①コーヒーが熱帯作物であること、②スペシャルティコーヒーとコマーシャルコーヒーの違い、③コーヒーのケミカルデータ、④コーヒーを評価すること、最後に⑤コーヒーの流通について解説します。

コーヒーは熱帯作物

コーヒーの木は、主に熱帯地域で自生もしくは栽培されているアカネ科（茜草）の常緑木本です。コーヒーは、その果実の種子を原材料としています。

コーヒーの果実の構造

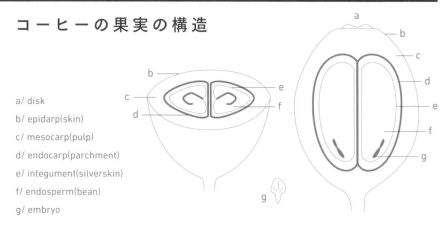

a/ disk

b/ epidarp(skin)

c/ mesocarp(pulp)

d/ endocarp(parchment)

e/ integument(silverskin)

f/ endosperm(bean)

g/ embryo

Jean Nicolas Wintgens/Coffee : Growing, Processing, Sustainable, Production/WILEY=VCH

　果肉の一番外側には外皮（skin）、それに包まれた果肉（pulp）とその内側に内果皮（パーチメント /parchment）という繊維質の厚い皮があり、ゴム状の糖質のぬめり（ミューシレージ /mucilage）が付着しています。種子の表面には銀皮（シルバースキン /silverskin）という薄皮（焙煎時に剥離する）がついています。コーヒーの種子（胚乳と胚芽 /embryo）は、これらの内側に位置します。胚乳には種子が発芽し成長していくために必要な炭水化物やタンパク質、脂質などが含まれています。

熱帯地域の緯度による定義は、赤道を中心に北回帰線（北緯23度26分22秒）と南回帰線（南緯23度26分22秒）に挟まれた帯状の地域を意味します。熱帯は、コーヒー栽培地としてコーヒーベルトと呼ばれることもあります。高温多湿のところが多く、食物の分化発育が進んだと考えられ、イネ科作物（稲、サトウキビ）、マメ科作物、塊根作物（キャッサバ、サツマイモ）、繊維作物（綿、亜麻）、油脂作物（ココヤシ、カカオ、大豆）、ゴム、香辛料作物（コショウ、ウコン）、芳香油を含む作物（ジャスミン、バニラ）などが栽培されます。

その中でコーヒーが栽培されていますが、熱帯のどこでも栽培できるわけではなく、特にアラビカ種（PART3品種参照）は栽培環境が限られます。

コーヒー栽培は、中米諸国、コロンビア、タンザニア、ケニアなどの火山の山麓（標高800〜2000m）、エチオピアの高原、イエメンのような山岳地帯、年平均気温が22℃前後の無霜地帯が適しています。気温の温暖なブラジルの平原（標高800〜1100m前後）でも栽培されます。

コーヒーチェリー

コ ー ヒ ー の 栽 培 条 件

栽培条件	環境
日射	日射量が多いほうがよいですが、気温が30℃をこえると光合成能力が低下するので、日陰樹を植える場合も多く見られます。
気温	年平均気温が22℃くらいの比較的涼しい高地での生育がよいとされ（最低気温が15℃以下、最高気温が30℃にならないところ）、みかん等と同じように土壌よりも気温による影響を多く受けます。
降雨	最低1200〜2000mm程度の降水量が必要といわれています。

コーヒーの木の特徴

	内容
繁殖	主に実生（みしょう）で、種子から発芽させて新しい苗を得ます。パーチメント（水分値15〜20%程度）を苗床（Nursery Bed）もしくはポッドに植えて、幼苗まで育てます。沖縄で発芽実験をしましたが70%程度発芽しました。
樹高	アラビカ種は4〜6mになるため2m程度に剪定します。矮小に変異した品種も見られます。
開花	多くは種を植えて3年後に白い花が咲きますが、花の寿命は3〜4日です。ブラジルのように雨季と乾季がはっきりしているところは一斉に開花し、スマトラ島のように雨が不規則に降るところでは開花もバラバラになります。
結実	多くの場合、定植してから3年後に収穫できます。開花してから6〜7か月後に結実します。
果実	標高2000m地区では収穫まで4〜5年かかる場合もあります。緑色から黄色に色づき、赤くなり、赤紫色(深紅)に完熟します。黄色に完熟する品種も見られます。
種	果肉の中に半円形の種が向き合って入っています（Flat Bean）が、全体の5%程度は枝の先端部に丸い種が1つのものがあります（Peaberry：受精後の発育停止や受精の失敗による）。
日陰樹	強い直射日光をきらうので、日陰樹としてマメ科の樹高の高い木本を植えます。日中の温度上昇を抑え、夜間の気温低下を減少させ、日較差（1日の変化）を小さくします。光の75%程度を通し、均一な日陰が作れれば理想的といわれます。土壌温度を冷涼に保ち、落葉が肥料となります。
自家受粉	同じ樹の花の花粉が同じ樹の花の柱頭について受精することを自家受粉といい、別の樹の花粉が柱頭について受精することを他家受粉といいます。アラビカ種の場合は自家受粉が92%程度と多く、他家受粉は8%程度ともいわれます。カネフォーラ種は自家受粉では受精せず、風媒やミツバチによる虫媒で受粉します。

＊山口　禎、畠中 知子 / コーヒー生産の科学 / 食品工業 /2000

コーヒー栽培のようす

苗床

コーヒー栽培では、農家や農園がチェリーを採取して苗を作ります。

定植

生産地により異なりますが、苗が20cm前後に成長したら圃場に定植します。

開花

アラビカ種は多くの場合自家受粉します。

結実

多くは赤く完熟しますが、黄色く完熟する品種もあります。

農園

各生産国により農園の規模は異なります。圃場と同義語として使用します。

日陰樹

午後曇るような場所では日陰樹を必要としません。

chapter2

テロワールという概念

テロワールは、主にフランスのブルゴーニュ産のワインに使用されてきた言葉で、「生育地の地理、地勢、土壌、気候(日照、気温など)の違いが特別な風味を生み出す」という考え方です。

コーヒー栽培にとってテロワールと品種は重要な概念で、この両者の適合性が生産地の独特な風味を生み出す大きな要因と考えられます。栽培環境のよい生産地に適切な品種を植え、丁寧な精製・乾燥を行うことにより個性的な風味のコーヒーができることはここ20年の歴史の中で徐々に確認されつつあります。テロワールの概念がなければ、コーヒーを味わう楽しみは半減するでしょう。

多くのコーヒー生産国(ブラジルを除く)では、わずかに酸性(pH5.2〜6.2)の火山性土壌(Andosol/火山灰に由来した鉱物性)が多く見られます。火山性土壌は、高い保水性と透水性を持っていることが特徴です。もう1つの特徴は土壌が有機物、腐植(動植物の死骸が分解されたもの)を多く

土壌
グァテマラの肥沃な火山灰土壌

肥料
有機肥料を作っている農園

含んでいることで、豆の脂質などに影響を与えていると考えられています。

しかし、実際に世界中の産地を歩いてみるとやせた木が多く、施肥が必要だということがわかります。小農家でもチェリーの脱穀後、鶏糞などと混ぜて有機肥料を作りますし、ハワイコナなどでは大量の肥料を入れます。直射日光の当たる産地では、窒素が不足しますので、マメ科の日陰樹の落葉が窒素補填します。

火山性土壌は一見肥沃そうに見えますが、霜が降りやすいことに加え、標高が下がるにつれて、よりやせた土壌

に風化している可能性も高いとも考えられます。また、収穫後には、圃場[ほじょう]から窒素、カリウム、リン酸、石灰などが奪われるので、無肥料でコーヒー栽培をしているとやせた土壌になり生産性が低下します。安定した生産のために、やはり施肥は重要です。

例えば、ブラジルの場合は、パラナ州やサンパウロ州の赤紫色のテラロ―シャはよい土壌とされますが、セラード地方の赤土は pH4.5程度の酸性で、持続可能な農業のためには、有機肥料*や石灰による酸性土壌*の改良が必要でした。

コーヒーベルト

ホンジュラス

イエメン
インド
ハワイ
メキシコ
グァテマラ
ジャマイカ
エチオピア
ベトナム
コロンビア
ケニア
タンザニア
インドネシア
パプアニューギニア
ブラジル

アフリカ・中東

アジア・オセアニア

中南米

テロワールという観点から見ると、コーヒー産地では、土壌も重要ですが気温や標高による昼夜の寒暖差、降雨量なども重要であると考えられます。

＊コーヒーの果肉除去後のコーヒーパルプ（pulp）は、肥料として使用できる有機残留物ですので、堆肥として利用すれば、収穫量をあげることが可能となります。小農家などでは鶏糞、牛糞と混ぜたりしますが、サトウキビの残留物などや木材チップなどのさまざまな組み合わせの研究もされています。ブラジルのセラード地区の一部などではコーヒーの木とは別にサトウキビも植えられています。

＊上原勇作 / セラードコーヒーの挑戦 / いなほ書房 /2006

グァテマラ

コロンビア

コスタリカ

イエメン

ブラジル

ジャマイカ

chapter3

標高の高い場所で
収穫されたほうが風味がよい

標高と風味の関係では、同一緯度の場合であれば、標高の高い地区のほうが昼夜の寒暖差が大きく、木が緩やかに生育するため、チェリーの総酸量、脂質量、ショ糖量が増し、それらが種子に影響を及ぼして複雑な風味を生み出すと考えられます。

特にアラビカ種はカネフォーラ種より高標高での栽培に適しています。

また、気温と標高の関係を見れば、標高が100m上がれば気温は0.6℃低下します。赤道近くのスマトラ島の低地が33℃であれば、標高1500mのところでは9℃低い24℃程度となり、コーヒーの栽培適地となります。一方、赤道から遠ざかるにしたがって寒くなるので、同じ気温条件の低地での栽培が可能になります。

例えば、グァテマラの北緯14度30分のアンティグア地区では標高1000m以上でも栽培されますが、北緯19度30分のハワイのコナ地区では標高600m程度が栽培適地となります。

ここ10年、気候変動の影響も考えられ、栽培適地が高標高に移行してい

るように感じます。グァテマラ・アンティグア地区、コロンビア・ナリーニョ地区、コスタリカ・タラス地区、パナマ・ボケテ地区などは標高2000m前後でも栽培されています。

緯度と標高の関係

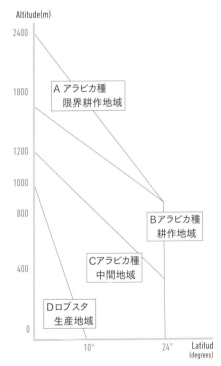

Jean Nicolas Wintgens/Coffee : Growing, Processing, Sustainable, Production/WILEY=VCH

下図は、コロンビア産コーヒーの
COE＊入賞豆の点数と標高との関係を
示したもので FNC（Federación Naci
onal de Cafeteros de Colombia： コ
ロンビアコーヒー生産者連合会）が調
べたものを私がグラフ化しました。カ
トゥーラ品種（Caturra）は在来系の
品種で、カスティージョ品種（Castillo）
は耐病性のある品種です。両品種共に
標高が高いほうが高点数の傾向が見ら
れ、また、カトゥーラ品種は標高が
1800m 以上でより高い評価になって
います。品種の詳細については PART

3で説明しています。

＊ COE(Cup of Excellence) は、生産者が出品し
た生豆を消費国の商社やロースターが落札する仕
組みのインターネットオークションで、1999年
ブラジルからスタートし、現在も実施されていま
す。

　コロンビアのこのデータからは、標
高1000m 以上の地区であれば高品質
のコーヒーが収穫できる可能性が高
く、カスティージョ品種の場合は標高
1400m の 地区 の 風味 が よく、カ
トゥーラ品種の場合は1800m 以上に
適応性が高く風味がよいと考えられま
す。

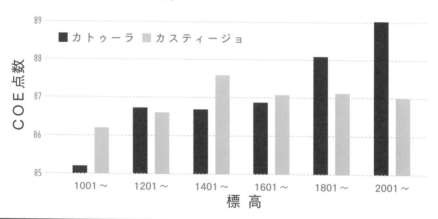

コロンビア産の品種と標高の関係
（2005年～2015年の平均）

コロンビアの標高1600m 以上の産地

どうやって
収穫するのか

ブラジルを除く大部分の生産国では、赤く完熟したチェリーを1粒ずつ摘みます。生豆の品質にとっては重要な工程です。

ブラジルでは、手摘みはごくわずかで、セラード地区など大農園は収穫量が多いため大型の機械で収穫します。また中規模農園は、地面にシートを敷いてその上に手で葉ごとしごくストリッピング（strippicking）という方法で行います。

ブラジルでは雨季と乾季がはっきりしているので一斉に開花しますが、標高1100m前後で斜面のある農園などでは標高の低い所から先に完熟します。そのため完熟したものから順番に収穫していきます。赤く熟したチェリーを収穫するのは、緑色の残る未熟豆には渋味が残るためです。また、斜面の上部の涼しい所で収穫されるチェリーは完熟までに時間がかかるため、総酸量、脂質量、ショ糖量が増します。

コロンビアの農園の収穫

ブラジルの農園の機械収穫（左）とストリッピング収穫（中・右）

2 流通からコーヒーを知る

chapter1

日本はブラジルとベトナムからの輸入量が多い

コーヒーを生産するICO*（International Coffee Organization）加盟国は42ヵ国にのぼり、世界の生産量の93％を占めます（2022年2月現在）。産地は、その緯度により栽培に適した標高、土壌、気温が異なります。それら環境条件と品種の持つ特徴との適合性によって風味の差が生じると考えられます。

現在の日本の生豆輸入量は、価格の安いベトナム産のカネフォーラ種やブラジル産のアラビカ種が多くなっています。これらは、缶コーヒーなどの工業用製品、インスタントコーヒーや低価格のコーヒーに使用されています。

* ICO (ico.org)

2021年の日本の生豆輸入量
（1袋/60kgのBag数に換算）

ブラジル	2.437.381	タンザニア	225.394	ウガンダ	23.685
ベトナム	1.672.075	ホンジュラス	169.362	ケニア	23.373
コロンビア	794.496	ラオス	61.557	コスタリカ	21.722
インドネシア	414.706	エルサルバドル	45.241	ジャマイカ	3.348
グァテマラ	331.879	ペルー	42.014	東ティモール	3.278
エチオピア	327.948	ニカラグア	28.880	パナマ	2.352

全日本コーヒー協会 (ajca.or.jp)

＊赤字はカネフォーラ種の生産量が多い生産国、ブラジルは生産量の約30％を占めます。

chapter2

現在のコーヒー 生産量と消費量

気候変動により、2050年には、大幅なコーヒーの減産が予測されています[*]。さらに、生産国における経済成長に伴う人手不足、肥料など生産コストの上昇、零細小農家による生産構造、カネフォーラ種の生産増などがアラビカ種の生産阻害要因となります。一方、消費国を見れば、アジア圏の韓国、台湾および生産国でもある中国、フィリピン、インドネシア、タイ、ミャンマー、ラオスなどの国内消費も増加し、近い将来需要が供給を超えると危惧されています。さらに、カネフォーラ種や安価なブラジル産によるディスカウント市場も形成され、コーヒーの品質低下も危惧されます。

収穫量の増加のためには、全生産量の40％を占めるカネフォーラ種[*]の増産、収穫量の多いカティモール品種[*]への植え替えなども考えられますが、コーヒー風味の低下は避けられません。そのためWCR[*]では、耐病性がありかつ風味のよい品種の開発も行っていますが、現段階では減産をカバーできるか？は明確ではありません。

[*]カネフォーラ種、カティモール品種については PART4を参照ください。

コーヒー産業の維持・発展のためには、①農家の収入増につながり生産意欲が向上する高品質豆の栽培、②コーヒー市場関係者や消費者の品質や風味の理解、③スペシャルティコーヒーとコマーシャルコーヒー（P79参照）の適切な流通バランス、などが必要です。市場原理のみによるディスカウント市場の拡大は生産阻害要因になると考えます。コーヒー産業の生産と消費の持続には、品質による適正な価格の市場の確立を目指すべきと考えます。

[*]気候変動における減産は、気候学者のデータなどをベースにWCR（World Coffee Research）は、何も対策を講じないと大幅な減産になると報告しています。

[*] World Coffee Research | Ensuring the future of coffee.

生産量と消費量

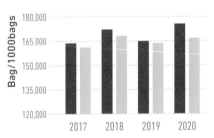

■ 生産量　■ 消費量

生産量は、2017年の163.693千袋から2020年の175.374千袋に増加しているものの、消費量も2017-18Crop の161.377千袋 から2020-21Crop の166.346千袋に増加しています。なお、生産量は気候変動、さび病などにより収穫年で増減があります。また、図には各消費国の在庫は含まれていません。

chapter 3

生産国から
日本までの
生豆の流れ

生産国で収穫されたチェリーは、精製（PART3）後、ドライチェリーもしくはパーチメントの状態で精製業者（ドライミル：Dry Mill）に送られ脱穀、選別され、生豆（グリーンビーンズ）の状態にして消費国に輸送されます。

　梱包材の大部分は麻袋（ブラジル、東アフリカ60kg、中米69kg、コロンビア70kg、ハワイコナ45kg）などですが、SPの場合は品質保持のため、グレインプロ（GrainPro：麻袋の内側にいれる穀物用袋）、真空パック（Vacuum pack：10kg〜35kg程度）を使用する場合もあります。

　生豆は積出港に運ばれ、コンテナに積み込まれ輸出されます。コンテナはドライコンテナ（Dry Container：常温）が一般的ですが、コンテナ内の温度上昇が懸念されますので、SPの場合はリーファーコンテナ（Reefer Container：定温15℃程度）が使用される場合もあります。私は、2004年から可能な限りリーファーコンテナを使用してきました。また、標高の高い

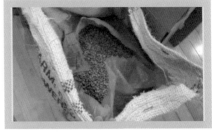

麻袋（上）、グレインプロ（中）、真空パック（下）

生産地区と港では気温差があるので、船舶の出航のタイミングを見てコンテナに積み込むなど輸送には気を配りました。

生産国の流通

生産者（小農家）	小農家が全生産量の70〜80％程度を占めるといわれます。2〜3ha前後の農地しかない零細農家が多く、チェリーもしくはパーチメントを農協、仲買人などに売ります。
生産者（農園）	全生産量の20〜30％程度を占めます。生産国により農園の規模は異なります。多くの場合、チェリーもしくはパーチメントを精製業者に持ち込み、輸出会社経由で消費国に販売します。
精製業者	ドライミルとも呼ばれ、パーチメント、ドライチェリーの脱殻、選別、梱包までを行います。選別は、石や不純物の除去、比重選別、スクリーン選別、カラー光学選別、手選別などがあり、最終的に計量して梱包されます。
輸出会社	主に輸入会社やロースターと交渉して売買契約をし、輸出手配をします。契約は、タイプサンプル、出荷前のコーヒーサンプルによります。

＊ただし、各生産国により生豆流通過程はさまざまで一様ではありません。

コンテナ

港湾倉庫

国内での
生豆の流通

日本の輸入商社は、多くの場合入港後常温倉庫に保管しますが、SPの場合は定温倉庫（15℃）に保管する事例が増えています。常温倉庫の場合、梅雨や夏の湿度、外気温の影響を受けるので、長期での品質保持を求める場合は定温倉庫を使用したほうが有効です。

国内生豆の流通

輸入商社	生豆を輸入し、生豆問屋、大手焙煎会社などに販売します。
生豆問屋	輸入商社から生豆を仕入れ、主に中小焙煎会社、自家焙煎店に生豆を卸します。2010年以降は、SPなどを自社輸入する事例も見られます。
小規模専門商社	生豆を専門に輸入し、自家焙煎店に販売します。2010年以降自家焙煎店の少量ニーズに対応するために増えつつあります。
港湾倉庫	生豆を常温、定温倉庫で保管し出荷業務を行います。
大手焙煎会社	喫茶店、スーパー、コンビニ、家庭用などに焙煎豆を販売します。また、RTD商品（Ready To Drink：缶、ペットボトルなど）のメーカー向けに焙煎豆を販売します。
中小焙煎会社	主には喫茶店向けに業務用コーヒーの卸売りをします。200〜300社程度と推測されますが正確なデータはありません。
自家焙煎店	生豆を焙煎し、主に店舗で家庭向けに焙煎豆を販売します。店頭で販売している店は5000〜6000店と推測されます。増加傾向にありますが、データはありません。

chapter 5

国内での
焙煎豆の流通

般的には、レギュラーコーヒー（RC）は、業務用（喫茶、レストラン、オフィスコーヒーなど）、家庭用、工業用（缶コーヒーなど）の総称として使用され、インスタントコーヒーと区別されます。2021年のRCの国内生産量は26万7725トンで、インスタントコーヒーの3万6000トンに比べて多くを占めています*。

また、RCの家庭用、業務用、工業用のシェアは、おおまかには1：1：1程度となります。2020年以降はコロナ禍の元で、業務用が減少傾向ぎみで家庭用が増加傾向にありました。

日本でコーヒーを飲用できる場所は多くあります。喫茶店（6万7000店

/2016年前後）、カフェ（喫茶店との区分が曖昧で店舗数は不明）、コーヒーショップチェーン（6500店前後）、コンビニ（6万3000店前後）、ファミリーレストラン（5300店前後）、ハンバーガーチェーン（6300店前後）、ホテル（9800前後・旅館業除く）、オフィスコーヒー（不明）などです。コーヒーは、さまざまな場所で飲用されています。喫茶店は、1981年のピーク時の15万4630店から2016年の6万7198店と大幅に減少していますが、それに対し、コンビニコーヒーがその減少分をカバーしています。

＊全日本コーヒー協会データ　総務省統計局「事業所統計調査報告書」

RCの消費量

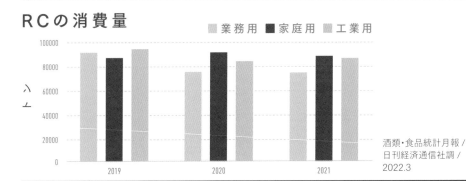

凡例：業務用　家庭用　工業用

トン

酒類・食品統計月報 /
日刊経済通信社調 /
2022.3

3 スペシャルティコーヒーからコーヒーを知る

chapter1

スペシャルティ
コーヒーはいつ生まれたのか？

米国では1970年代以降、大手ロースターの価格競争による品質低下が著しく、1950〜60年代に比べ消費量が半減しコーヒー離れが進みました*。この状況に歯止めをかけようとする動きもあり、1982年にSCAA（Specialty Coffee Association of America：米国スペシャルティコーヒー協会）が誕生しています。

＊1970年代の米国は、1950年代の200社程度のロースターから20社程度のロースターに寡占化され、低品質コーヒーが増え、コーヒーが薄くなり、1人当たりの消費量も半減しています。

　SCAA発足当時の事務局長であったドン・ホリーは1978年にフランスで開催された国際コーヒー会議でのKnutsen Coffee 社のErna Knutsen が示した考え方がSPの基盤になっていると述べています。「地理的に異なる気候は、ユニークな風味のプロファイルを持つコーヒーを生み出す（略）」というものです*。

　さらに、「この際立ったユニークな風味のためには特定の生産地で、ティピカ品種やブルボン品種などを正しく栽培、精製、選別し、さらに輸送管埋し、最適な焙煎プロファイル（PART3）と新鮮な梱包管理、正しい抽出、官能

評価のスタンダード化などが必要である」としています。

　この考えは、2000年代初期のSCAAにも引き継がれ、ホームページの「What is the SCAA？」*でも「SCAAの大きな役割の1つとして栽培、ロースト、抽出のための業界基準を確立すること」と継続されていました。

　2004年前後から、SCAAの生豆のグレーディングシステムが運用され始め、米国を中心に大きなSPのムーブメントが誕生しています。

　現在のSCAのホームページでは、SPは「品質を最優先する農家、バイヤー、ロースター、バリスタ、消費者の献身により支えられている」とし、コーヒーの品質について広範囲に、高い意識で取り組もうとしていることがわかります。

＊ The Definition of Specialty Coffee: Don Holly, SCAA (mountaincity.com)
＊ What is Specialty Coffee? — Specialty Coffee Association (sca.coffee)
＊広瀬幸雄、圓尾修三他／コーヒー学入門 P106／人間の科学社/2007

サスティナブルコーヒーの誕生

2000年代に入ると急速にサスティナビリティ（持続可能性：Sustainability）という概念が広まり、持続可能な農業によって栽培されたサスティナブルコーヒーが生まれます。生産物の価値に見合った適正な価格で農家に報酬を支払うべきという考え方のもと、主に3つの概念によるコーヒーが市場を主導してきました。

オーガニックコーヒーは、土壌を保全し、化学薬品を使用しない有機無農薬農法で栽培されたコーヒーを意味し、有機JAS認定などの制度があります。フェアトレードコーヒーは、最低販売価格を保障した公正な取引で流通するコーヒーを意味し、FLO（Fairtrade Labelling Organizations International）があり、認証マークがつけられています。日本にはフェアトレードジャパンという団体があ

ります。ただし、NGOなどの独自の活動も多くみられます。シェードツリーコーヒーは、森林で覆われた土地で、多様な生態系の保全や渡り鳥の保護に配慮して生産されているコーヒーをいいます。

これら多くの認証団体が活動し、2000年代前半には、レインフォレスト・アライアンス（Rainforest Alliance）やウッツ・カペイ（UTZ kapeh）などが日本でも活発に活動を始めました（両団体は2018年に合併しています）。

スペシャルティコーヒーという概念は、SCAによる生豆の品質基準およびサスティナブルコーヒーという両輪で広がってきたともいえます。ただし、サスティナブルコーヒーの品質はSCAによるSP基準を満たしているものに限らず、COも多く流通しています。

東ティモールのフェアトレード活動（左、右）

日本でSPは
いつ生まれたのか？

1999年に私が『コーヒーのテース
ティング』（柴田書店）を書いて
いたときには、日本でSPという言葉
はほとんど使用されていませんでし
た。2001年マイアミで開催された
SCAAの展示会あたりから日本の参加
者も増え始め、2003年にはSCAJ
（Specialty Coffee Association of
Japan：日本スペシャルティコーヒー
協会）が発足しました。2004年に、
私はSCAAのアトランタの展示会で
「日本のスペシャルティコーヒー市場」
について講演しています。このあたり
が、日本のSPの黎明期といえるかも
しれません。

品質検査

SCAJの活動として、年1回の展示
会によるSPの啓蒙を行っています。
海外の生産者、国内のエスプレッソマ
シンメーカー、焙煎機メーカー、焙煎
会社など多くのブースでにぎやかにな
ります。2022年からは一般消費者の
方にも門戸を広げ、展示会入場が可能
になっています。

他にも、SCAJは、バリスタチャン
ピョンシップをはじめラテアート、ハ
ンドドリップ、ロースティングなどの

SCAJ展示会

競技会を運営しています。また、テク
ニカル委員会、サスティナビリティ委
員会、ローストマスターズ委員会など
の活動があり、さまざまなセミナーが
行われています。さらに、コーヒーマ
イスター（コーヒーに対するより深い
知識と基本技術をもったプロ）、Qグ
レーダー*の養成も行っています。

カッピングトレーニング

　2005年以降には、生豆の品質に対する関心が高まり、改訂された「SCAAカッピングフォーム」が使用され始め、日本でもSPに対する関心は徐々に増していきました。SCAAは、この評価方法の浸透のためSCAAカッピングジャッジの養成をし、2005年に私も資格を取得しました（ただし、資格の更新をしていませんので現在は持っていません）。その後カッピングジャッジの資格はCQI＊（Coffee Quality Institute）が運営する「Licensed Q Arabica Grader」に受け継がれています。現在はSCAJがCQIの協力機関としてこの資格の養成講座を運営しています。SCAJも独自のカッピングフォームを作成し、カッピングセミナーを頻繁に開催しています。

＊ CQIは、コーヒーの品質向上、生産者の生活の向上などに取り組んでいます。Qグレーダーは、SCAが定めた基準・手順にのっとってコーヒーの評価ができる技能者です。

　SCAJは、発足時からSPを以下のように定義しています。「消費者（コーヒーを飲む人）の手に持つカップの中のコーヒーの液体の風味が素晴らしい美味しさであり、消費者が美味しいと評価して満足するコーヒーであること。（略）カップの中の風味が素晴らしい美味しさであるためには、コーヒーの豆（種子）からカップまでの総ての段階において一貫した体制・工程・品質管理が徹底していることが必須である。（〜略）」　詳しくはSCAJのHPをご覧ください。https://scaj.org/

現在日本で流通しているコーヒー

現在、日本で流通しているコーヒーは、おおまかにはアラビカ種 SP、アラビカ種 CO *、世界の生産量の35％程度を占めるブラジル産のアラビカ種、世界の生産量の40％を占めるカネフォーラ種（ロブスタ種）に区分されます。

図は、かなり大雑把な比率ですが、カネフォーラ種と価格の安いブラジル産、その他のコマーシャルコーヒーが大部分を占めていることがわかります。

このような状況下で、2022年10月以降、ブラジルの霜の被害などによる相場の高騰、生産国における人件費や肥料などの高騰、円安に伴う仕入れコスト上昇などの問題がコーヒー価格の上昇をもたらしています。さらに、CO の生豆品質も低下傾向にあるため、結果として風味そのものの低下も懸念され、最終的にはコーヒー離れも危惧されています。

過去30年コーヒーの仕事に携わってきた中で、SP 市場は小さいながらも形成されつつありますが、CO 全体の品質向上も問われます。今後、ますます世界的な需要は拡大し、コーヒー

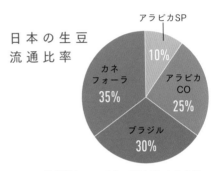

日本の生豆流通比率

アラビカSP 10%
アラビカCO 25%
ブラジル 30%
カネフォーラ 35%

＊ SP の流通量については、SCAJ による会員への聞き取り調査を基にしています。ただし、SP の基準については、各社の判断をゆだねられていますので、厳密な輸入比率を調べることは難しいともいえます。個人的には、SP の流通比率は図よりも少ないと認識しています。

＊ SP に対比する言葉として、本書ではコマーシャルコーヒーを使用します。コモディティコーヒー（Commodity Coffee）とほぼ同意語として使用します（一般的には、市場に流通しているどの商品を購入してもあまり差のない状態のことを「コモディティ化」といい、消費者が主に価格を重視して商品を選ぶ傾向が増します）。

生豆の価格は上昇していくと思われます。消費国は、SP、CO 共に品質に見合う適切な価格でコーヒーを調達し、生産者を支援していく必要があり、ディスカウントによる価格競争から脱し、SP と CO が適切な価格で共存できる市場を構築していくべきと考えます。そのために、コーヒー業界関係者や消費者は、よい品質の風味を理解することが重要になります。

chapter5

ＳＰとＣＯは
何が違う？

　ＳＰの特長は、各生産国の輸出等級の上位で、かつ生産履歴が明らかなもので、①欠点の風味がなく、②産地の生み出す特長的な風味があるコーヒーといえます。それらは単に栽培環境のみならず、栽培方法、精製・乾燥・選別工程がよく、梱包材質、輸送方法、保管方法などが適切で、さらには、焙煎や抽出のよいものです。

　2000年以降、単一農園の豆が多く流通し始め、2010年代には、「誰が、いつ、どこで、どのように作ったのか？」という細かな生産履歴（トレーサビリティ：Traceability）のわかるものが多くなっています。したがって、毎年それらのコーヒーについては、収穫年ごとの品質、風味の違いを比較することができるようになっています。

　さらに2020年代には、ＳＰの品質＊は3極化の方向が顕著になり、ＣＯも輸出等級の上位（通常流通品の中のハイグレード）と下位（通常流通品）などによって品質が2極化の傾向にあります。そのため、ＳＰとＣＯの間で、生豆価格及び焙煎豆の価格差＊が拡大傾向にあります。

　たとえば、市場での小売り焙煎豆は、廉価品の200円/100g程度、中級品の500円/100g程度、高品質品の1000〜1500円/100g程度までかなりの価格差が生じています。ゲイシャ品種のような特殊な豆では3000円/100g以上のものも多く見られます。

＊ SCA方式でのSP評価では、80〜84点の豆が大部分を占めますが、85〜89点、90点以上の豆も見られます。

項目	SP	CO
栽培地	土壌、標高などの栽培環境がよい	標高が低い地域が多い
規格	生産国の輸出等級＋生産履歴など	各生産国の輸出等級
精製	精製、乾燥工程で丁寧な作業	量産される事例が多く低品質
品質	欠点豆少ない	欠点豆が比較的多く含まれる
生産ロット	水洗加工場、農園単位で小ロット	広域、混ぜられたコーヒー
風味	風味に個性がある	平均的な風味で個性は弱い
生豆価格	独自の価格形成	先物市場と連動
流通名事例	エチオピア・イルガチェフェG-1	エチオピア

chapter6

Ｓ Ｐ と Ｃ Ｏ の
理 化 学 的 数 値 の 差

官能評価のみではなく理化学的な
分析数値の側面からも SP と
CO の差異を見ることができます。こ
れまで数値として焙煎豆の① pH、②
滴定酸度（総酸量）、生豆の③脂質量、
④酸価、⑤ショ糖量などを分析してき
ました。その結果、SP と CO の間に
は明確な差があることが明らかになっ
ています。

　表は、SP として流通している25サ
ンプル、CO として流通している25サ
ンプルを市場で調達し分析した結果で
す。SP と CO の各理化学的数値には、
明らかに有意差* （*p* ＜*0.01*）があり

コーヒー試料の抽出

Ｓ Ｐ と Ｃ Ｏ の 理 化 学 的 数 値 の 差（2016 - 17Crop）

	SPの 数値幅	SP 平均	COの 数値幅	CO 平均	風味への影響
pH	4.73~5.07	4.91	4.77~5.15	5.00	酸味の強さ
滴定酸度 (ml/g)	5.99~8.47	7.30	4.71~8.37	6.68	酸味の強さや質
脂質量 (g/100g)	14.9~18.4	16.2	12.9~17.9	15.8	コクや複雑さ
酸価	1.61~4.42	2.58	1.96~8.15	4.28	味のきれいさ
ショ糖量 (g/100g)	6.60~8.00	7.60	5.60~7.50	6.30	甘味
SCA 点数 (100点満点)	80.00~87.00	83.50	74.00~79.80	74.00	

ます。また、これらの数値とSCAの官能評価との間に相関性*が見られるので、理化学的数値が官能評価を補完できると考えられます。

*統計上、偶然や誤差で生じた差ではないことをいいます。*p＜0.01*は、1%未満の確率で偶然性がないことを意味します。

*相関は一方が変化すれば他方も変化するように相互に関係しあうこと。r=で表し、r=0.6以上であれば相関があり、r=0.8であれば強い相関があると解釈します。

pHは数値の小さいほうが酸味を強く感じます。滴定酸度（ml/100g）、脂質量（g/100g）ショ糖量（g/100g）は数値の大きいほうが成分量が多いため、風味を明確にとらえることができます。酸価は数値の少ないほうが脂質の劣化が少なく風味がきれいです。これらの成分値からSPはCOより風味が豊かであるといえます

下の図は、グァテマラ産のSPとCOのSHB（輸出等級上位）とEPW（輸出等級下位）の滴定酸度（総酸量）、総脂質量、ショ糖量を比較したものです。いずれも、SPはCOより多いことがわかります。

このサンプルの場合、SPの風味は、COの風味に対し、「明るい柑橘系果実の酸を感じることができ、しっかりしたコクがあり、甘い余韻があるよいコーヒー」と推測されます。

SPとCOの理化学的数値の違い（2019 - 20Crop）

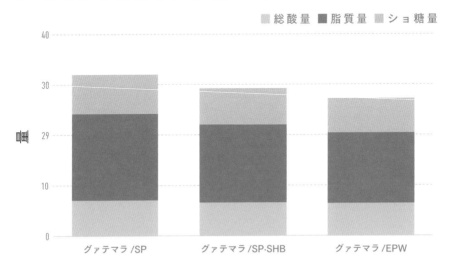

総酸量は ml/100g、脂質量及びショ糖量は g/100g
SHB（エスエイチビー：輸出等級上位）、EPW（イーピーダブル：輸出等級下位）

4 ケミカルデータからコーヒーを知る

chapter1

コーヒーの成分は複雑

コーヒーは、他の嗜好品飲料に比べると多くの化学成分を含み、それらが複雑に絡み合って、酸味や、苦味、甘味などを生み出しています。そのために、生豆及び焙煎豆の成分がどの程度風味に影響するのかを知っておくことも大切です。83ページの表では焙煎過程で成分が大きく変化するものを赤字にしました。

成分分析

分析器械

焙煎により、水分、多糖類（炭水化物）などは大きく減少します。有機酸（酸味の強さや質）や脂質量（コクや複雑さ）は風味に大きな影響を与えます。さらに、ショ糖（甘味）はカラメル化し、その後アミノ酸と結合するメイラード反応（褐色反応）により、甘い香り成分であるメイラード化合物（メラノイジン：褐色色素）を生成します。このメイラード化合物は、苦味や、コクにも関与すると考えられますが、詳しくはわかりません。

コーヒーは、焙煎というプロセスを経て成分が変化していくことが、風味の複雑さをもたらしています。一言でいうと「コーヒーの風味はさまざまな成分の複合体で、複雑である」といえます。その複雑さが心地よい味につながるということになります。

これは、800種[*]もあるといわれる香りについても同じことが言えます。さまざまな香り成分が絡み合って何らかの香りを生んでいますので、分析しても香りの原因成分を特定することは極めて難しく、最終的には「複雑な香りは心地よさにつながる」ということになります。

[*] Ivon Flament/Coffee Flavor Chemistry p77/ Wiley/2002

成分	生豆	焙煎豆	特徴
水分	**8.0〜12%**	**2.0% 〜3.0%**	焙煎で大幅に減少する
灰分	3.0〜4.0	3.0〜4.0	カリウムが多い
脂質	12〜19	14〜19	標高などで差が生じる
たんぱく質	10〜12	11〜14	焙煎しても大きな変化はない
アミノ酸	**2.0**	**0.2**	焙煎で減少しメイラード化合物に
有機酸	〜2.0	1.8〜3.0	クエン酸が多い
ショ糖（小糖類）	6.0〜8.0	0.2	焙煎で減少し甘い香り成分などに
多糖類	**50〜55**	**24〜39**	デンプン、植物繊維など
カフェイン	1.0〜2.0	〜1.0	苦味に10％程度影響する
クロロゲン酸類	5.0〜8.0	1.2〜2.3	渋味、苦味に関与
トリゴネリン	1.0〜1.2	0.5〜1.0	焙煎で減少する
メラノイジン	**0**	**16〜17**	褐色色素で、苦味に影響する

* R.J.Clarke&R.Macrae/Coffee Volume1
 CHEMISTRY を参照し、私の経験値を加味
 し作成しています。

pHは酸の強さを知る目安になる

コーヒーの風味は、さまざまな成分が絡み合い生じますが、中でも有機酸は重要です。コーヒーのpH＊はミディアムロースト（Medium Roast：中煎り）でpH5.0前後の弱酸性ですが、フレンチローストではpH5.6程度になり酸味は弱くなります。なお、ジュースやワインは、pH3〜4程度の酸性で、缶コーヒーや牛乳はpH6〜7程度、水道水はpH7.0前後で、それより数値が大きいとアルカリ性になります。

下の表は2020年収穫のグァテマラ各地のさまざまな品種をサンプリングしたものです。

ミディアムローストの豆の抽出液に含まれる平均的な総酸量は7.00ml/g程度です。したがって、pHが低く、総酸量が多いほど、酸に強さや複雑さを感じます。たとえば、表の品種はpHが低く酸が豊かと想像できます。

グァテマラ産のpHと総酸量（2020-21Crop）

品種	英語表記	pH	総酸量	風味
ゲイシャ	Geisha	4.83	8.61	酸味強く、華やか
パカマラ	Pacamara	4.83	9.19	華やかで酸味に特長がある
ティピカ	Typica	4.94	7.69	さわやかな柑橘系の酸味
ブルボン	Bourbon	4.94	8.03	しっかりした柑橘系の酸味
カトゥーラ	Caturra	4.96	7.54	酸味やや弱め

＊ pHは溶液中の水素イオン濃度（H$^+$）の量を表しています。溶液中に水素イオン（H$^+$）が多いと酸性、少ないと塩基性（アルカリ性）です。したがって、pHを測れば、酸性、中性、アルカリ性かの度合いがわかります。pHの値には、0〜14までの目盛りがあり、7を中性、7より小さくなるほど酸性が強く、7より大きくなるほどアルカリ性が強くなります。コーヒーは焙煎が深くなればpHは高くなり、酸を弱く感じます。ミディアムはpH4.8〜5.2程度、シティはpH5.2〜5.4程度、フレンチはpH5.6程度です。ただし、pHと滴定酸度の間に相関があるとは限りません。

有機酸と風味の関係を知る

優れた品質のコーヒーは、「さわやかな酸味」、「華やかな酸味」などを感じます。サンプルのグァテマラ SP は標高1800m、SHB は標高1400m、EPW は標高800ｍで収穫された豆です。多くの場合、標高が高く昼夜の寒暖差がある地区で収穫された豆のほうが、pH が低く、総酸量が多いため酸味の強さや複雑さを感じます。このサンプルの場合は官能評価（SCA方式）点数と pH の間には r=−0.9162の高い負の相関があり、総酸量との間には r=0.9617の高い正の相関が見られます。したがって、理化学的な数値が官能評価の点数を補完できると考えられます。

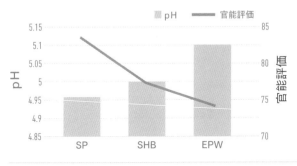

pHと官能評価の相関性
（2019-20Crop）

pH が低いほうが官能評価が高くなる傾向が見られます。

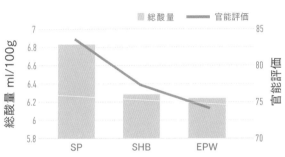

総酸量と官能評価の相関性
（2019-20Crop）

総酸量が多いほうが官能評価が高くなる傾向が見られます。

chapter4

有機酸と焙煎度の
関係を知る

焙煎が深くなるにつれ、総酸量は減少していくので、焙煎の浅いミディアムローストのほうが焙煎の深いフレンチローストより酸味を強く感じます。酸味は各生産地の豆の特徴だけでなく焙煎によっても影響されることになります。

下の表は、ケニア産とブラジル産のミディアムローストとフレンチローストのpHと総酸量（滴定酸度）を分析した結果です。

ケニア産、ブラジル産共にミディアムローストのほうがフレンチロースト

よりpHが低く、総酸量が多く、酸味を感じやすいことがわかります。また、ケニア産はブラジル産よりpHが低く、総酸量が多いため、酸味を強く感じやすいこともわかります。

しかし、コーヒーの酸味は複雑で、酸が強ければよいわけではなく、有機酸の種類や組成が酸味の質に影響を及ぼします。コーヒーの有機酸は、生豆に含まれるクエン酸、酢酸、ギ酸、リンゴ酸などがあり、さらにクロロゲン酸が変化することにより生じるキナ酸やカフェ酸なども含まれます。

ケニア産とブラジル産豆(2018-19Crop)の pHと総酸量(ml/100g)

生産国	焙煎度	pH	総酸量	補足
ケニア SP	ミディアム	4.74	8.18	ケニアは、多くの生産地の中でも酸が強い
ケニア SP	フレンチ	5.40	5.29	
ブラジル SP	ミディアム	5.04	6.84	ブラジルは、多くの生産地の中でも酸は弱め
ブラジル SP	フレンチ	5.57	3.65	

＊ケニアはキリニャガ地区産、ブラジルはセラード地区産。

有機酸の種類と
風味の関係

こ れまでの理化学的分析結果と官能的側面から、抽出液の中のクエン酸がお酢の酸である酢酸やその他の酸より多い場合に、心地よい酸味を感じる可能性があることがわかっています。

したがって、よいコーヒーの心地よい酸は、柑橘果実にも感じるクエン酸がベースになりますが、ゲイシャ品種やパカマラ品種には柑橘系以外のピーチやラズベリーなどの華やかな果実の酸味を感じることが多くあります。しかし、その華やかさの原因として、どのような有機酸が絡んでいるのかまではわかりません。

ケニア産の有機酸組成

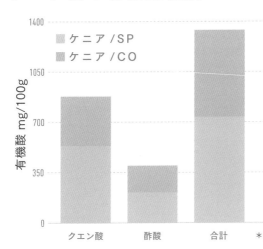

果物の可食部100gあたりの有機酸成分

	クエン酸	リンゴ酸
レモン	3.0	0.1
オレンジ	0.8	0.1
グレープフルーツ	1.1	
リンゴ		0.5
キウイ	1.0	0.2
パイナップル	1.0	0.2

＊伊藤三郎編 / 果実の科学 / 朝倉書房 /1991

ケニアの SP と CO のクエン酸と酢酸の関係を見たものです。この分析のように、クエン酸量が酢酸量より多い SP のほうが CO より心地よい酸味になることはわかっています。

脂質量はコーヒーの
テクスチャー（コク）に
影響を及ぼす

生豆には、16.0g/100g 程度の脂質が含まれています。脂質は味ではなく主にテクスチャー（舌触り）に影響します。水よりサラダオイルになめらかさを感じるように、脂質量が多い生豆のほうが焙煎後の抽出液に微妙ななめらかさを感じます。また脂質は、香りを吸着し（有機溶媒で脂質を抽出すると独特の香りを感じることができます）、風味を感じやすくさせるのではないかと考えています。

生豆に含まれる脂質は、梱包材質や保管状態によって異なる温度、湿度、酸素の影響を受け、成分は変化します。脂質の酸化（劣化）は、酸価（Acid Value）という数値で判別でき、数値が大きい場合には、濁り感、枯れた草の味などを感じるようになります。

下の表のグァテマラ産は、空輸した非常に新鮮なサンプルで、ほとんど酸化していません。酸価は、他の研究事例がほとんどなく、私の実験データ上では酸価4以下であれば生豆の鮮度が保持されている（賞味期限内）と判断しています。

グァテマラ産（2020-21Crop）

品種	脂質量	酸価	テクスチャー
ゲイシャ	16.45	2.68	しっかりしたコクで濁りなくクリーン
パカマラ	16.81	2.80	クリームのような粘性、なめらか
ティピカ	16.20	2.92	シルキーな舌触り
ブルボン	15.34	2.86	コクがやや弱い
カトゥーラ	15.79	2.82	ややコクがある

脂質の抽出

抽出した脂質

chapter7

脂 質 量 と 風 味 の
関 係 を 知 る

脂質量はコーヒーのテクスチャーに影響を及ぼし、脂質量が多いほうがより風味を複雑にします。酸と同様、標高が高く夜間の温度が低い栽培地では樹の呼吸作用が緩やかになり、十分な脂質が形成される傾向が見られます。

ただし、なめらかさは、触感覚的な属性であり、飲んで感知するのは難しい面もあります。一例をあげれば、きめ細やかなシルキー(絹のような生地)な感覚からなめらかな舌触りのベル

ベット(やわらかな手触りの生地)の印象まで多様です。

下の表は、グァテマラのSPと、COのSHBとEPWについて脂質量と官能評価の関係を表したものです。SPは脂質量が多く官能評価も高いですが、COの2種は脂質量が少なく官能評価も低くなっています。脂質量と官能評価の点数のあいだには、r=0.9996の高い相関が見られますので、脂質量の多いほうが官能評価の点数が高くなる傾向があると考えられます。

脂質量と官能評価の相関(2019-20Crop)

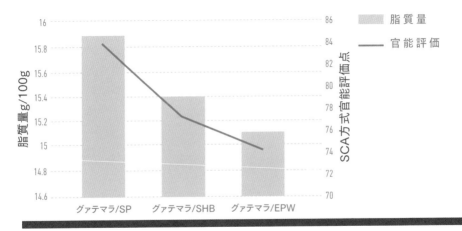

酸 価 と 風 味 の 関 係 を 知 る

脂 質が酸化（劣化）すると、抽出液が濁り、枯れた草のような異臭が生じます。

酸化は、光(紫外線や可視光)、水(湿気)、熱、空気(酸素)により促進される脂質の「変化」や「反応」を意味します。保存温度が10℃高くなると酸化速度は2倍になるといわれています。したがって、生豆の梱包材質や保管温度などが重要になります。酸価は、脂質の変質（酸化）の指標で、「油脂1g中に存在する遊離脂肪酸を中和するのに必要な水酸化カリウムのmg数」の値であり脂肪酸の量を意味します。

酸化を抑える梱包材は、真空パックが最も効果的で、次にグレインプロ（穀物用の袋）です。麻袋の効果は少ないといえます。輸送コンテナは、定温コンテナ（15℃）が効果的です。常温コンテナでは、赤道通過時にコンテナ内の温度が30℃を超えます。保管倉庫は、常温倉庫の場合は梅雨～夏場にかけて温度が上がるので、定温倉庫（15℃）がよいでしょう。

酸 価 と 官 能 評 価 の 相 関（2019-20Crop）

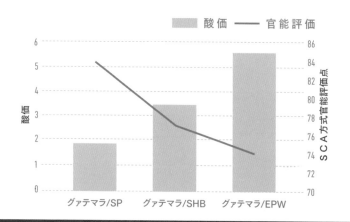

図のSPは、酸価が低く官能評価が高いですが、COの2種は酸価が高く濁りがあり官能評価は低くなっています。官能評価と酸価の間にはr=−0.9652の高い負の相関がみられますので、理化学的数値が官能評価を裏づけていることがわかります。

アミノ酸の
旨味（Umami）への影響

甘味、塩味、酸味、苦味の他に5番目の味として旨味は日本では当たり前の味です。それ故日本の食文化には五味が根付いています。昆布に含まれるグルタミン酸、鰹節に含まれるイノシン酸、椎茸に含まれるグアニル酸は日本食になくてはならない慣れ親しんだ味です。日本の食品の官能評価では当たり前に「旨味」を評価しますが、SCA方式の評価項目にはありません。この旨味（Umami）がコーヒーの風味にどのような影響を与えているのかについては今後多くの研究者の分析が必要です。

アミノ酸は生豆に多く含まれています。グァテマラ産のゲイシャ品種とブルボン品種のアミノ酸をHPLCで分析した結果、旨味のアミノ酸としてアスパラギン酸、グルタミン酸、甘味のアミノ酸としてトレオニン、アラニンなどが見られました。しかし、焙煎によって生豆のアミノ酸量は、共に98%程度減少しています。

下図は、グァテマラ産のパカマラ品種とゲイシャ品種を味覚センサーにかけた結果です。このサンプルでは、味覚センサーの旨味とSCA方式の官能評価の間にr＝0.8287の高い相関が見られたので、旨味のある豆は、官能評価が高くなる可能性があると考えられます。また、このサンプルの場合、味覚センサーは、ナチュラルの精製よりウォッシュドの精製に旨味を感知しています。

グァテマラ産（2020-21Crop）

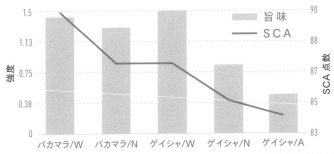

＊W＝ウォッシュド、N＝ナチュラル、A＝アナエロビック。このサンプルの場合、アナエロビック（Anaerobic：嫌気性発酵/125ページ参照）には旨味を感知していません。今後多くのデータを分析する必要があります。

chapter10
カフェインの苦味への影響

コ　ーヒーは焙煎の進行により苦味を強く感じるようになりますが、ミディアムローストの官能評価で苦味の差を見出すことは難しいと感じます。そのためか、SCA方式の官能評価表には苦味（Bitterness）の項目がありません（P104参照）。しかし、日本の食文化の中では、春の味として苦味があり、苦味そのものを楽しむこともありますので、評価してもよいのではないかと考えます。

コーヒーの苦味成分として代表的なものはカフェイン（Caffeine）です。カフェインは、コーヒー以外にも、紅茶、煎茶に含まれ、注意力や気分を高めてくれる効果があります。10gの粉で抽出した100〜150mlのコーヒー抽出液に含まれるカフェイン量は60mg（0.06g/100ml：7訂食品成分表）です。一般的には、1日3〜4杯程度の摂取量であれば問題ないといわれます（米国食品医薬品局（FDA）など）。健康な大人であれば、1日あたり3mg/体重kgくらいであれば健康リスクはないという指標もあり、1日200mg程度は問題ないと思われます。

コーヒーのカフェインが苦味に関与している比率は10％程度といわれますが、コーヒーのカフェインそのものを官能的に感知することは難しいでしょう。

93ページの上図はブラジル産とコロンビア産の3種類の焙煎度の豆をHPLCで分析した結果です。フレンチローストの豆のカフェインはミディアム、シティローストの豆より減少していますので、カフェイン以外の苦味が関与していると推測されます。クロロゲン酸ラクトン類（クロロゲン酸が焙煎により変化した化合物の総称）やメイラード反応の結果生じるメラノイジン（褐色色素）などが苦味に何らかの影響を与えていると考えられますが、詳しくはわかっていません。

93ページの下図はアフリカ産の豆をHPLCで分析した結果です。このサンプルではナチュラルのほうがウォッシュドよりもカフェインが多い傾向が見られました。ただし、サンプルには個体差がありますので、その点はご留意ください。

ＳＰの生産国別カフェイン量（2017-18Crop）

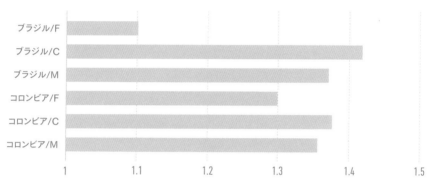

F＝ フレンチ、C ＝シティ、M ＝ミディアムロースト。ブラジルはセラード地区産、コロンビアはウイラ県産

ＳＰの精製別カフェイン量（2017-18Crop）

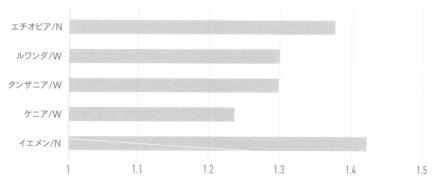

N＝ ナチュラル、W＝ ウォッシュドの精製（110ページ参照）

chapter11

アミノ酸の旨味（Umami）とメイラード反応

生豆に多く含まれるアミノ酸は焙煎により減少します。これまでの分析では、生豆中に占める比率の多いグルタミン酸は減少し、アスパラギン酸の組成比率が増す傾向が見られます。

アミノ酸の味

旨味 酸味	甘味	苦味
グルタミン酸 アスパラギン酸	グリシン アラニン トレオニン(スレオニン) セリン グルタミン プロリン アスパラギン	トリプトファン　フェニルアラニン イソロイシン　　アルギニン ロイシン　　　　バリン システイン　　　メチオニン リシン(リジン)　ヒスチジン チロシン

焙煎過程で、ショ糖はカラメル化し、甘い香り成分を形成します。その後、アミノ酸は、ショ糖と結合してメイラード反応によるメラノイジンを生成し、さらにクロロゲン酸と反応し褐色色素を生み出しますが、この変化がどのように風味に影響を与えているかはわかりません。

メイラード化合物

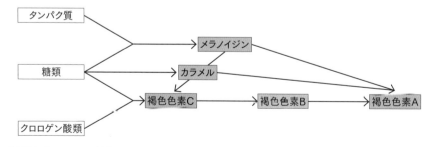

＊中林敏郎他 / コーヒー焙煎の科学と技術 / 弘学出版 /1995

chapter12

味覚センサーで
わかること

味覚センサー（インテリジェント
センサーテクノロジー社製）
は、食品会社を中心に医療などでも広
く使用されています。5つのセンサー
で、先味と後味計8つの味を感知しま
す。その数値は強度を示しますが、成
分や風味の質までは判断できません。

　味覚センサーは、自社及び他社との
商品の比較、新しい商品開発等に有効
活用できます。ただし、コーヒーは、
他の食品に比べ成分が複雑なため、味
覚センサーでSPの品質を判断するこ
とは難しく、工夫が必要でした。これ
まで多くのサンプルを分析してきた結
果、酸味、苦味、旨味センサーを使用

し、官能評価との相関を見ることで活
用できると判断しました。

　味覚センサーデータを酸味、苦味、
旨味、コクとして作成したのが96ペー
ジのグラフです。これは、2022年エ
チオピアのゲシャ・ヴィレッジ（Gesha
Village）のゲシャ品種（Gesha/パナ
マのゲイシャ品種（Geisha）とは異な
るためゲシャ表記）のオークションサ
ンプルを味覚センサーにかけたもので
す。

　オークションジャッジの評価は89.9
～93.5点と高い傾向が見られました。
味覚センサー値は、ややばらつきがあ

味覚センサーの内容

センサー	先味	後味
酸味	酸味（クエン酸、酢酸、酒石酸）	
旨味	旨味（アミノ酸）	旨味コク（アミノ酸）
苦味	苦味雑味（苦味物質由来）	苦味（苦味物質）
渋味	渋味（刺激味）	渋味（カテキン、タンニン）
塩味	塩味（塩化ナトリウムなど）	

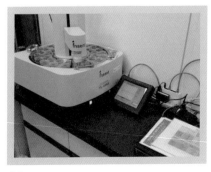

味覚センサー

エチオピア (2021-22Crop)

ゲイシャ品種 ナチュラル　サンプル#1〜#7

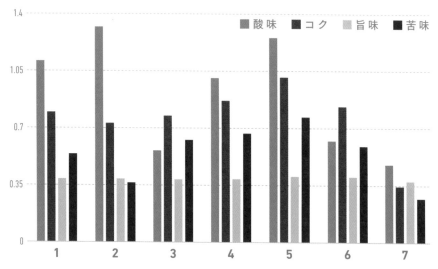

これまでのグラフの風味パターンから1. 2. 4. 5のサンプルの風味がよいと推測されます。

りますが、官能評価との間には r=0.6643とやや相関性が見られました。

　グラフ上で、各属性どうしの強度は比較できます。例えば #2は #7より酸味が強いことがわかります。しかし、属性が異なるものの強度は厳密には比較できません。例えば #1の酸味と苦味のどちらが強いかまではわかりません。

　ただし、風味のグラフパターンから風味の質を推測することは可能と考えています。

　また、ウォッシュドに比べ、ナチュラルのサンプルは、味覚センサーの数値が乱れる場合があります。乾燥状態や発酵などの影響があると推測しています。また、ウォッシュドとナチュラルを同時にかけた場合も同様に、相関が読み取れないことがあります。

　さらには、ナチュラルの場合は、世界的に官能評価のコンセンサスがとれていない事例も見受けられ、評価のバラつきにより相関が見られない場合もあります。

5 コーヒーの品質を評価する方法を知る

官能評価（テイスティング）とは

　コーヒーには品質差がありますので、それらを客観的に評価する方法が必要になります。官能評価*（テイスティング）とは、五感（視覚、聴覚、味覚、嗅覚、触覚）によって事物を評価すること、そしてその方法と定義できます。

　官能評価には、「おいしい、まずい」など消費者の主観的な嗜好を調べる「嗜好型官能評価」と「品質がよいか悪いか」という客観的な視点からコーヒーを見る「分析型官能評価」があります。

　本書での官能評価は「これまで飲んだコーヒーと比べ、どの程度風味がよいのか？」などについて決められた方法と評価基準で判断するので、分析型の官能評価となります。そのため、コーヒーに関する基礎知識も問われることになります。

　また、従来のコマーシャルコーヒー（Commercial Coffee：CO）の官能評価が、主に欠点の風味を見つけるマイナス評価の側面が強いのに対し、SPの官能評価は、そのコーヒーが内包しているよい風味を見いだしていく作業なので、プラス評価の側面が強いといえます。

　この客観的な官能評価は、コーヒーという商品が品質に見合う価格で流通する健全なマーケットを構築していくうえで重要で、生産国から消費国までコーヒーにかかわる人及び消費者にとっても必要となります。

　これらの風味を感知するには、さまざまなコーヒーを体験し、「何がよい酸味で、心地よい苦味とは何か？」などについて学習する以外にありません。先天的に味覚の優れた人はごくわずかと考えられますので、正しい官能評価によりコーヒーの風味を理解する必要があります。

＊大越ひろ、神宮英夫編著／食の官能評価入門／光生館2000

生産国の
等級とSP

　日本では、さまざまな品質のコーヒーが流通しています。コーヒーには品質差があり、これまで述べてきた通り、品質の高いものにおいしさを感じる可能性があります。

　生産国における生豆品質は、多くの場合生豆300g中の①欠点豆の数、②粒の大きさ、③標高などにより輸出規格としての等級（下記参照）があります。これらの等級は、昔から変わらずに使用されていますが、実際にはクエーカー（焙煎後の未熟豆）の混入が多くみられたり、鮮度の落ちたものがあったりと、等級と現物が合致しない事例もみられます。また、これらの等級には共通の官能評価基準がありませ

各生産地の輸出等級

生産国	等級とSPの規格
コロンビア	スプレモはスクリーンS17以上、エクセルソはS14〜S16。スプレモが上位ですが、エクセルソでも風味がよいものもあります。
グァテマラ	標高で等級が決められ、価格もそれに伴い異なります。SHB(Strictly Hard Bean) 標高1400m以上、HB(Hard Bean) 標高1200〜1400m、SH(Semi Hard Bean) 標高1100〜1200m、EPW(Extra Prime Washed) 標高900〜1100m。
エチオピア	欠点数で等級が決まります。G-1（0〜3欠点）、G-2（4〜12）、G-3（13〜25）、G-4（26〜46）。
タンザニア	主にスクリーンサイズ*で等級が決められます。AA等級はS18が最低90%、AはS17が最低90%、BはS15〜16が最低90%、CはS14が最低90%です。その他、ピーベリー（PB：丸豆）は珍重されます。

＊スクリーンサイズは、篩の穴の大きさを表す単位では64分の1インチ（1インチ＝25.4㎜）になります。
＊その他の生産国の等級については、ICC（International Coffee Organization）のicc-122-12e-national-quality-standards.pdf (ico.org) などを参照ください。

ん。多くの場合上位等級のほうが風味がよいと考えられますが、下位等級のほうが風味のよい事例もあります。

　生豆の品質基準は各生産国でバラバラですので、SCAA（現SCA）による新たなアラビカ種ウォッシュドSPの「生豆鑑定」と「官能評価方式」が開発され、国際的なコンセンサスを得られつつあります。

　よいコーヒーは香りが高く、さわやかな酸味があり、なめらかなコクがあ

り、甘い余韻があり、液体がクリーンです。反面、欠点数が多い場合は、濁り感や雑味を感じやすくなります。

ブラジルの等級
（COB方式*）

ブラジルのコーヒー区分にはいくつかの方法があります。欠点数によるブラジル方式の等級は、タイプ2から8までですが、日本市場では下位等級の4/5も多く流通しています。

輸出等級	ブラジル方式
ブラジル	タイプ2（No2）0〜4欠点、 タイプ2/3=/5〜8、 タイプ3＝9〜12 タイプ3/4＝13〜19、 タイプ4＝20〜26、 タイプ4/5＝27〜36 主な欠点は黒豆、発酵豆（サワービーン）、虫食い、未熟豆、砕け豆、外皮付き豆などです。 その他、スクリーンサイズなどによる格付けもあります。

* COB(The Brazilian Official Classification/ ブラジル公式鑑定法)

スクリーン（Screen）

　スクリーン（Screen）は、生豆のサイズを測る篩。ブラジル式が一般的で、S18は64分の18インチの篩の穴を通り抜けないことを意味し、それ以上の豆も含まれます。

方式	S20	19	18	17	16	15	14	13
Brazil	7.94mm	7.54mm	7.14mm	6.75mm	6.35mm	5.95mm	5.56mm	5.16mm

SCAの生豆鑑定
(Green Grading)

　コーヒーの風味は、生豆の品質に負うところが大きく、各生産国は独自に生豆の等級を決めていますが、等級が上位であっても、よい風味が伴わない事例もみられ、生産国と消費国の品質に対する価値観の乖離が生じるようになっています。

　SCAは、欠点豆の数で格付けをする生豆鑑定方法（Green Grading）を導入し、さらに10項目100点満点の新しい官能評価表（Cupping Form）を作成し、80点以上の評価を得たコーヒーをSPとし、79点以下をコマーシャルコーヒー（CO）として区別しています。ただし、これらはアラビカ種のウォッシュドの精製方法の豆のみに適用しています。

　生豆鑑定は、生豆350g中の欠点豆の数を調べます。欠点豆はカテゴリー1とカテゴリー2に区分されています。SPグレード（Specialty Grade）として認定される条件は、カテゴリー1（黒豆や発酵豆など風味に大きなダメージ

をあたえる）の豆がないことと、カテゴリー2（風味に決定的なダメージのないもの）が5欠点以下であることとしています。

　また、その他のチェック項目として、スクリーンサイズは14から18と決められ、水分含有量は10〜12%としています。さらに、焙煎後の豆100g中にクエーカー（焙煎しても色づきが悪い未熟豆）がないこととしています。

詳細は、SCA Digital Store で Washed Arabica Green Coffee Defect Guide が販売されていますので参照ください。coffeetrategies.com/wp-content/uploads/2020/08/Green-Coffee-Defect-Handbook.

Washed Arabica Green Coffee Grade

欠 点 豆

カテゴリー1	英語	原因及び風味
黒豆	Full Black	地面に落ちて発酵、菌によるダメージ、不快な発酵臭
発酵豆	Full Sour	発酵槽で発生、果肉除去の遅れなど、発酵臭
ドライチェリー	Dried Cherry	乾燥したチェリー、発酵臭、異臭
カビ	Fungus Damaged	菌によるダメージ、精製過程で起こる、不快な味
異物	Foreign Matter	木や石
虫食い	Severe Insect Damage	ひどい虫食い、ピンホールが多い、5粒で1欠点

虫食い以外は1粒でも混ざっていればSPグレードになりません。

カテゴリー2	英語	原因及び風味
黒豆 (3-1)	Partial Black	一部が菌によるダメージ
発酵豆 (3-1)	Partial Sour	一部が発酵、発酵臭
虫食い豆 (10-1)	Slight Insect Damage	虫食いのピンホールがある、味の濁り
未熟豆 (5-1)	Immature	未熟豆、シルバースキンの付着、渋味
フローター (5-1)	Floater	密度の低い豆で水に浮く、乾燥などの不良
しわ豆 (5-1)	Withered	豆の表面にシワ、生育不良
欠け豆 (5-1)	Broken/Chipped	主にはパーチメントの脱穀の時に生じる
貝殻豆 (5-1)	Shell	中身がない貝殻状の豆、生育不良など
パーチメント (5-1)	Parchment	パーチメントの脱穀不良
外皮、殻 (5-1)	Hull/Husk	カビやフェノール、汚れた味

※（5-1）は5粒で1点という意味です。
＊生豆のグレーディングは、慣れた人でも1アイテム20分程度はかかるので、サンプルの多い場合はかなりの労力を必要とします。

欠点豆の状態

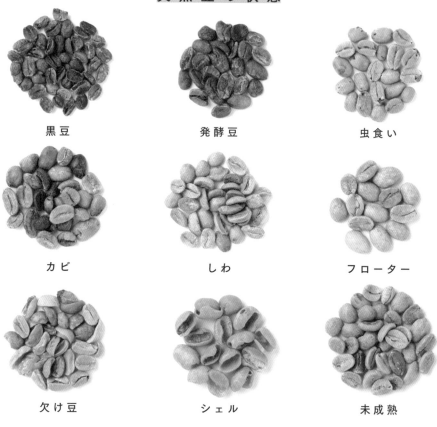

黒豆　　　　　　　　発酵豆　　　　　　　　虫食い

カビ　　　　　　　　しわ　　　　　　　フローター

欠け豆　　　　　　　シェル　　　　　　　未成熟

生豆の色

　ウォッシュドコーヒーのフレッシュな生豆の色は、ブルーグリーン（Blue Green）ですが、時間経過とともにグリーン（Green）から黄色がかったイエロー（Yellow）に経時変化していきます。ナチュラルのコーヒーはやや黄色がかった緑色です。

chapter4

ＳＣＡの
官能評価（カッピング）

SCAでは官能評価についてはカッピングという言葉を使用しています。

SPの官能評価の目的は、①サンプル間の官能的差異を判断し、②サンプルのフレーバーを描写、記録し、③商品の選好を決めることなどです。特定のフレーバー属性を分析し、過去の経験に照らし、数値基準に基づき評価することになります。したがって、評価は決められた方法により行うことが必要で、経験が必要になります。

生豆鑑定でスペシャルティグレードに区分された生豆について、焙煎しカッピングを行います。カッピングにより、80点（100点満点）以上をスペシャルティコーヒーとして、79点以下をコマーシャルコーヒーとして区別しています。現在、この方式は、CQI*（Coffee Quality Institute）がQグレーダー（SCAの官能評価表を使用しアラビカ種を評価のできる技能者）を養成し、国際的な広がりを見せています。日本ではSCAJが窓口となりQグレーダー養成コースを実施しています。*https://www.coffeeinstitute.org

SCAの官能評価表（カッピングフォーム）では、Fragrance/Aroma、Flavor、Aftertaste、Acidity、Body、Balance、Sweetness、Clean Cup、Uniformity、Overallの10種のフレーバー属性を評価し、記録します。Defectsは欠点の風味のある場合に減点とします。評価目盛りは6〜10点で、0.25きざみで評価します。

6未満の尺度は、COに適用するもので、それらは欠点の種類や強度の評価をすることになります。

SCAの官能評価は、プロ向きに作成されています。しかし、コーヒーの風味を理解するうえで、一般消費者も参考にすることができます。

SCAカッピングフォーム（SCACupping Form）

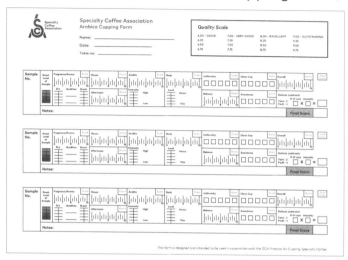

官能評価項目

評価項目は10項目で以下の通りです。各項目は10点満点で計100点満点です。最終的に欠点があれば合計点数から引いて最終得点とします。

評価項目	内容
Fragrance/Aroma	粉の香り（フレグランス）、湯を注いだ後の香り（アロマ）、泡を崩したときの香り（アロマ）の3つの側面で評価します。
Flavor	味覚的感覚と口や鼻から抜けるアロマが複合したもので、その強度、質、複雑さ。
Aftertaste	コーヒーを飲みこんだときもしくは吐き出した後に、よいフレーバーが持続する長さ。
Acidity	好ましいときは明るいと表現され、好ましくないときは酸っぱいと表現されることが多い。
Body	口内の液体の触感、特に舌と口蓋の間で知覚される触感。重い、軽いではなく、口内の心地よい感覚で評価。
Balance	フレーバー、アフターテースト、アシディティ、ボディがどのように調和し、どのように補完しあうかで評価。
Sweetness	甘さを意味し、ショ糖などの影響を受ける。対義語は、酸っぱい収斂性といったフレーバーになる。
Clean Cup	最初に口に入れた時から最後のアフターテーストまで、マイナスの印象がない透明性を指す。
Uniformity	カップ間においてフレーバーの一貫性を指す。
Overall	サンプルに対し、評価者の総合的な評定。

＊欠点：テイント（Taint）は顕著なオフフレーバーのことでアロマに見られ、フォルト（Fault）は味の側面に見られるもので減点します。

SCAの
カッピングプロトコル

SCA は、従来の生産国主導の品質基準、消費国の輸入商社やロースターの独自の品質基準ではなく、科学的な要素で焙煎豆のカラー、粉の粒度、粉と湯の比率、抽出温度などを組み合わせつつ、新しい官能評価の規約*（Cupping Protocols）を作成しています。

* www.SCAA.org/PDF/resources/cupping-protocols.pdf

カッピング規約の一部

容器	強化ガラスまたは陶磁器を使用。
焙煎時間	焙煎時間は8分以上12分以内、すぐに空冷し、密封容器などに入れ冷暗所（20℃基準）に保管する。
焙煎度	焙煎色は中煎り程度（SCA*カラースケールで見る）
実施	ロースト後8時間はおき24時間以内*に行う。
試料作成	粉8.25g に対し水150ml の比率で5サンプルを作る。
粉の粒度	粒度はペーパードリップよりやや粗め。
準備	個別に計量し、カッピング直前に挽き、15分以内に93℃の熱水を注ぐ。熱水はカップの縁まで注ぎ、4分置いてから評価を始める。

＊焙煎色は、SCA Agtron Roast Color によりますが、日本の中煎り程度に相当します。SCA の SHOP でカラースケールが販売されています。
＊個人的な運用としては、風味の出やすい焙煎後2〜3日後に行う場合もあります。

SCAの
カッピングの手順

世界中の輸出会社、農園、輸入会社、ロースターなどのコーヒー関係者の多くは以下の手順でカッピングを行っています。5の段階ではスプーンで3回程度攪拌しますが、抽出され下に沈んだ粉を持ち上げないように行います。経験を積むことによりスコアをつけることができるようになります。堀口珈琲研究所のテイスティングセミナーはこの手順で行っています。

カッピングの手順

	SCAのカッピングの方法	堀口珈琲研究所の方法
1	サンプルをミディアムに焙煎する	Panasonic「The Roast」を使用
2	1アイテムに対し5カップ準備する	3カップで行う
3	サンプルを粉にし、香りを嗅ぐ	やや粗目に挽く、香りを嗅ぐ
4	93℃の湯を注ぎ香りを嗅ぐ	2〜3回香りを嗅ぐ
5	4分経過後表面の泡を崩し香りを嗅ぐ	泡を崩したときの香りを嗅ぐ
6	表面の泡を取り除く	泡のみを除く
7	70℃以下になったらスプーンで風味をみる	飲んでも吐き出してもよい
8	カッピングフォームに記入する	記録し、比較する

ＳＣＡＪの官能評価

1999年に初めてのCOE（Cup of Excellence）のインターネットオークションが開始されました。2003年に誕生したSCAJは、このコンテストで使用されているカッピングフォームを踏襲しました。その後初級、中級カッピングセミナーなどではこの方式で官能評価を行っています。

なお、本書ではSCA方式による官能評価を行っています。

各項目の評価は、「フレーバー8点、後味の印象度8点、酸の質8点、口に含んだ質感8点、均衡性8点、カップのきれいさ8点、甘さ8 点、総合評価8点で合計点数は最大で64点」となります。100点満点の評価にするため、最後に基礎点36点を足して総合点数＊を出します。0〜5点は1点単位での評価ですが、6点〜8点は0.5点単位で点数をつけます。

ＳＣＡＪの評価基準

フレーバー （Flavor）	味覚と嗅覚。「花のような香り」「果物を思わす風味」などと表現されます。
後味の印象度 （After Taste）	コーヒーを飲み込んだ後で持続する風味。「甘さの感覚が持続する」、「刺激的な嫌な感覚が出てくる」などで判定します。
酸の質 （Acidity）	酸の強さを評価の対象とせず、酸の質について評価します。明るい、爽やかな、繊細な酸味の程度を評価します。
口に含んだ質感 （Mouth Feel）	触感の強さは評価の対象にせず、口に含んだ触感 の「粘り」「密度」「濃さ」「滑らかさ」などを見ます。
均衡性 （Balance）	風味の調和がとれているのか？何か突出するものはないか？反対に、何か欠けているものはないか？など。
カップのきれいさ （Clean Cup）	「汚れ」または「風味の欠点・瑕疵」が全くない。コーヒーの 風味に透明性があることで評価します。
甘さ （Sweet）	コーヒーチェリーが収穫された時点で、熟度が良く、風味に甘さがあることを見ます。
総合評価 （Overall）	風味に奥行きがあるか？風味に複雑さ、立体感があるか？単純な風味特性か？カッパー の好みか否か？など。

一般社団法人 日本スペシャルティコーヒー協会 (scaj.org)

コーヒーカップを選ぶ 1

　コーヒーカップの大きさはさまざまです。一般的には以下のように区分されますが、厳密な定義はなく、容量にも幅はあります。マグ以外はカップにソーサーがつきます。

コーヒーカップの容量（カップの淵までの量）

カップの種類	Cup	容量 ml	補足
マグ・カップ	Mug	250〜350前後	大きく厚みのある円筒形、ハンドルの有無は問いません。
レギュラー	Regular	150〜180前後	多くはハンドルが付き、カップ＆ソーサーの組み合わせで、主には飲むコーヒーの濃度などにより使い分けられます。
デミ・タス	Demitasse	80〜100前後	
エスプレッソ	Espresso	40〜60前後	

マグカップのいろいろ

PART 3

コーヒー豆を
選ぶ

　PART2で解説したようにコーヒーには品質差があります。コーヒーの風味を覚えるには、まずはよい風味のよいコーヒーを選んで飲んでみることが重要です。コーヒーには、膨大な種類があり、その風味を知るのは並大抵のことではありません。しかし、漠然と選ぶより、明確な基準をもって選んでいったほうが、早くコーヒーの風味を理解できるようになります。よいコーヒーを選ぶ判断ポイントを、①精製方法、②生産地、③品種、④焙煎度の4つのテーマに分け解説します。できるだけ、信頼できる店などで、よいコーヒーを選んでください。その方が風味を覚えるのに遠回りしなくて済みます。

chapter1

精製とは

精製（Processing）は、チェリーの果肉やパーチメント（内果皮）を除き、輸送、安定した保管、焙煎に適した生豆の状態にすることです。大別するとウォッシュド（湿式）とナチュラル（乾式）の精製方法があり、精製方法の違いは風味に大きな影響を与えます。また、パルプドナチュラル（Pulped Natural：コスタリカでは Honey Processing）と呼ばれる方法もあり、産地の地形や水源、環境対策など必要に応じて行われています。

重要なことは、各工程で水分含有量の安定を図り、微生物（酵母、カビなどの真菌、酢酸菌などの菌類）などの影響による発酵臭を抑えることと個人的には認識しています。

コーヒーチェリー

各精製方法の違い

	Washed	Pulped Natural	Natural
果肉除去	○	○	×
ミューシレージ*	水槽で100%除去	除去しない事例が多い	×
乾燥・脱穀	PC*を乾燥し脱穀	PCを乾燥し脱穀	チェリーを乾燥後脱穀
生産国	コロンビア、中米諸国、東アフリカ	ブラジル、コスタリカ、その他	ノフジル、エチオピア、イエメン

＊ミューシレージ（Mucilage：パーチメントに付着しているぬめりで、糖質化した粘液性の物質）

＊PC（Parchment/パーチメント）は、コーヒーの実の種子を覆う薄茶色の皮で内果皮ともいいます

chapter2

ウォッシュド（Washed）の
精製

ウォッシュドの精製は、果肉を除去し、パーチメントに付着しているミューシレージ（ぬめりのある糖質）を発酵させ、水洗してから乾燥する方法です。ウエットミル（Wet mills：果肉除去から乾燥まで）とドライミル（Dry mills：脱穀から選別まで）の2つの加工工程があります。

エチオピア、ルワンダ、ケニアなど東アフリカの小農家は、チェリーを摘み、ウォッシング・ステーション（Wash ing Station）と呼ばれるウエットミル（水洗加工場）に持ち込みます。

コロンビアなどの小農家では小型の果肉除去機で、東ティモールの小農家は手動の果肉除去装置で果肉を除きます。その後、水槽に入れてミューシレージを自然発酵させ、水洗いします。そうしてできたウエットパーチメントの状態で天日乾燥します。その後ドライミルに運び、ドライパーチメントを脱穀し、比重やスクリーンサイズで選別します。

1／

収穫段階では、できるだけ完熟豆のみを収穫します。翌日になると果肉が発酵するため、その日のうちに果肉除去機（Pulper：パルパー）で果肉を除去します。この段階で完熟豆と未熟豆に選別され、水路で発酵槽（水につける場合と水を入れない場合がある）に流し、ミューシレージを自然発酵（中米の標高1600mほどの産地など外気温が低い場合は36時間程度）させ、十分に水洗します。時間をかけすぎると発酵臭が種子に付着する場合もあります。

チェリーを摘み取り（上）、チェリーの集積場（下）に持ち込みます

ミューシレージ＊は、酵素と
微生物により分解され、それに
より生じる酸、糖アルコール
（糖質の一種）などが風味に影
響を与えると考えられます。

＊ミューシレージは、水分 84.2%、タン
　パク質 8.9%、砂糖 4.1%、ペクチン物
　質 0.91%、灰分 0.7% などで構成され
　ています（Coffee fermentation and
　flavor/Food chemistry/2015）。

チェリーを集め（上）果肉除
去機（下）で果肉を除きます

2

　パーチメントを水路などで乾燥場に
移し、コンクリート、レンガ、網の棚
などの上に広げて1週間程度で水分値
12％程度まで乾燥させます。1日数回
撹拌します。過度の乾燥は割れ豆、欠
け豆の増加につながります。逆に、不
十分な乾燥は、微生物によるダメー
ジ、カビのリスクを伴います。また生
豆の品質の劣化が早い傾向が見られま
す。

発酵槽（上）でミューシレージ（ぬめり）を除き、
その後乾燥場（下）で乾燥します

3

　乾燥のストレスを避け、水分値の均一化のためサイロや倉庫で保管し、輸出に向けパーチメントを脱殻機（Hulling Machine）で脱殻し生豆にします。チェリーの24％がパーチメントコーヒーの重量となり、パーチメントの脱殻により生豆は19％程度の重量となります。最終的に、10kgのチェリーから2kg程度の生豆を作ることができます。

4

　その後、生豆を比重選別機*、スクリーン選別機、電子選別機などにかけ、さらに、ハンドソーティングなどの選別の工程を経ます。生豆はブルーグリーン色（Blue Green）からグリーン色（Green）になるものが多く、シルバースキンの付着が少ない、きれいな生豆になります。適切に精製された生豆は、酸味が際立ち、クリーンで濁りのない風味を生み出します。

*スクリーン選別＝豆の大きさ、比重選別＝豆の重さ、電子選別＝豆の色で選別します。ハンドソーティング＝人の手で欠点豆を取り除きます。

最終的にハンドソーティング（上）をする場合もあり、倉庫（下）やサイロで水分値などの成分を安定させます

5

　ウォッシュドは主に、山の斜面で乾燥スペースが少ない場所で、かつ水源のある場合に行われますが、果肉除去後の排水などには微生物などが見られ環境汚染の原因になる可能性を否定できません。また、除去した果肉の発酵臭が出ます。そのため、コスタリカなどでは排水の浄化池などの対策も取られています。

天日で乾燥

東 ティ モー ル の 小 農 家 の 精 製

収穫して、未熟のチェリーなどを取り除き、水につけ不純物を除きます。

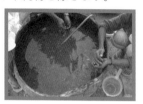

手動式の果肉除去機で果肉を除去し、パーチメントを水につけ発酵させます。標高が高く気温が低い場所では、ミューシレージが発酵しにくいため、手で洗いながらミューシレージをとります。

乾燥工程を経て、ディリの町の精製工場に持ち込み脱穀して、計量します。

最終的に麻袋に詰め、コンテナに積んで輸出します。日本の港湾倉庫に入れます。

chapter3

ナチュラル（Natural）の精製

　ナチュラルの精製は、チェリーのまま乾燥し、脱穀して生豆にする方法です。ナチュラルの伝統的な生産国は、ブラジル、エチオピア、イエメンなどです。それ以外にアジア圏やカネフォーラ種の生産国などでも行われています。また、中南米でも低級品はナチュラルの精製が見られます。

　広大な土地に樹を植えたブラジルの大農園では大型の機械で収穫し、中規模農園では果実を葉ごとしごいて敷物の上に落とす収穫方法がとられています。これらの方法では未熟果実が混入する確率が高いため、後述するパルプドナチュラルの方法も行われています。

　ナチュラルの精製が多いエチオピアでは、未熟果実が多く混ざり、品質低下（G-4グレードなど）の原因になっていたので、G-1グレードでは収穫したチェリーから未熟果実をハンドソーティング（Hand sorting／手作業で取り除くこと）し、生豆を電子選別機にかけ、さらに生豆をハンドソーティングすることが多くなりました。

　2010年頃から中米、特にパナマで高品質のナチュラルへのチャレンジが見られるようになりました。初期の段階はアルコール発酵臭がきつく風味はよくありませんでしたが、その後徐々に改善され、きれいな風味のナチュラルもできるようになり、2015年前後からはゲイシャ品種もナチュラルにしています。

　品質検査では、この発酵臭をダメージの味として見ますが、最近はフルーティーの風味と勘違いするコーヒー関係者も増えています。

　そのため、ナチュラルが好まれる傾向も見られますが、あくまで発酵臭は精製のプロセスで発生するダメージですので、きちんとしたテイスティングが問われます。

乾燥中のチェリー

乾燥後のチェリー

chapter4

ナチュラルは
ウォッシュドより
風味の個性が出やすい

ナチュラルの風味は、乾燥過程で微生物による影響で発酵臭が伴う事例が多くみられました。しかし、2010年以降、気温の低い場所や日陰での丁寧な乾燥が広がり、品質が向上し、風味も多様化しています。個人的にはエタノール（Ethanol）臭がなく、ワイニーでフルーティーな風味をよいと評価しますが、国際的な良否の評価基準は形成されていません。

ナチュラルのSPが生まれるにつれ、水の消費が少なく環境負荷が抑えられる精製としてウォッシュドの生産国でも試されることが増えています。

現状では、パナマ産などのナチュラル、エチオピア産、イエメン産のナチュラルには、風味差があるので、そのあたりを理解することから始めてください。

グラフは、エチオピアとイエメンの優れたナチュラル（シティロースト）を官能評価し、さらに味覚センサーにかけた結果です。

エチオピアとイエメンのナチュラル（2019-20Crop）

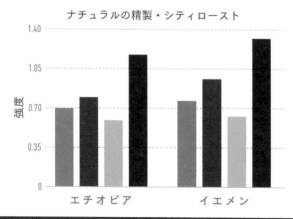

ナチュラルの精製・シティロースト

■ 酸味　■ コク
■ 旨味　■ 苦味

ともにSCA方式で90点の非常に高い点数がつく豆です。味覚センサーの風味の強度パターンは似ていますが、官能的には大きな違いが見られました。ともに発酵臭がなく、かすかな果実系の酸味が残り、クリーンで濁りがありません。エチオピア産はブルーベリージャム、イエメン産はフランボワーズのチョコレートの風味のニュアンスが感じられました。

chapter5

ブラジルの
3つの精製方法

チェリーを水槽に入れると、過完熟果実は浮き、完熟果実と未熟果実は沈みます。過完熟果実はナチュラルにし、沈んだ完熟果実と未熟果実は果肉除去機にかけます。さらに、未熟果実は果肉が固く剥けないためナチュラルに回します。この工程を経ることで未熟果実などが除かれるので、欠点豆の混入は減ります。

　果肉を除いた完熟豆をミューシレージのついたままパーチメントで乾燥する方法がパルプドナチュラル（Pulped Natural：PN）です。この方法は、2010年前後にカルモ・デ・ミナス（Carmo de Minas）の生産者の豆が

COE（Cup of Excellence：インターネットオークション）などで高い評価を得たことから、追随する生産者が増えています。しかし、ナチュラルとパルプドナチュラルの生豆の外見の区別はほぼ困難です。また、官能的にも、ナチュラルとパルプドナチュラルの風味の区別は難しいと感じます。

　一方、果肉除去後のミューシレージのついた豆を円筒形の機械を回転させて取り除き、パーチメントを天日もしくはドライヤーで乾燥する方法がセミウォッシュド（Semi-Washed：SW）です。ナチュラルやパルプドナチュラルに比べると、かすかに「酸味が加わ

ブラジル異物除去・水洗ラヴァ・ドール機

天日乾燥

り、クリーンな印象の風味」となります。

ただし、ブラジル産の場合、生豆流通過程において、パルプドナチュラルとセミウォッシュドの区別が曖昧な部分も多く見受けられます。

ミューシレージ除去後の廃水は環境汚染をもたらすので、貯水池を設け、残存物を沈殿させることで河川に流入する汚水を減らす事例も見られます。

ナチュラルの陰干し乾燥

パルプドナチュラルの乾燥

ブラジルの精製方法による総酸量（滴定酸度）の違い

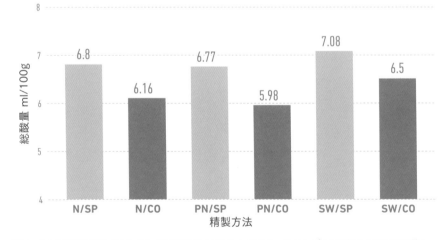

図は、3つの精製方法のSPとCOの総酸量を計測したものです。各サンプルは4農園の豆の平均値となります。セミウォッシュド（SW）は、ナチュラル（N）、パルプドナチュラル（PN）より総酸量が多い傾向が見られ、SPはすべての精製方法でCOより総酸量が多くあります。SPとCOの間には$p<0.01$の有意差（明らかな違い / 統計上の差で偶然性によらない差）が見られます。

chapter6

コスタリカの
ハニープロセス

　コスタリカのハニープロセスは、果肉を収穫後24時間以内に除去し、ミューシレージのついたパーチメントを水分12％前後まで天日乾燥します。標高が高い産地のマイクロミルで多用され、乾燥日数は14日程度かかります。もちろん天候次第で、ドライヤーを使用する場合もあります。

　基本的にはパルプドナチュラルと同じですが、一部で機械によるミューシレージの除去率を変える方法がとられています。ミューシレージを90％から100％除去するホワイトハニー（White Honey）、50％程度除去する

イエローハニー（Yellow Honey）、さらにミューシレージを多く残すレッドハニー（Red Honey）、ブラックハニー（Black Honey）などがあります。ミューシレージには微生物が多く付着していますので、発酵の過程で代謝（生体内で行われる化学反応）が行われ、何らかのフレーバーが生じるとも考えられます。

　図は、コスタリカのインターネットオークション（Exclusive Coffees Private Auction）のマイクロミルの異なるハニープロセスの2021-22Crop ゲイシャ品種を味覚センサーにかけたもので

マイクロミルの天日乾燥

果肉除去機

す。生産者が異なるので、ハニープロセスの違いを的確に示しているわけではありませんが、精製による風味の差異が生じることは明らかです。

オークションジャッジの官能評価は、ホワイトハニーから順に93.26点、89.59、90.68、92.16、93.25とすべて高い点数です。しかし、味覚センサーでは、サンプルの酸味にややばらつきが見られ、官能評価と味覚センサーの間には$r = 0.2449$と相関は見られませんでした。原因として、精製方法の異なる豆の官能評価が難しいこと、センサーが微妙な精製の違いを感知しきれていないことなどが考えられます。

個人的には、高品質であればあるほどウォッシュドに近いホワイトハニーにして、クリーンで繊細な風味を表現するほうがよいと考えますが、米国のロースターなどはさまざまな精製方法をリクエストしています。

コスタリカ

コスタリカのマイクロミル ゲイシャ品種 (2021-22 Crop)

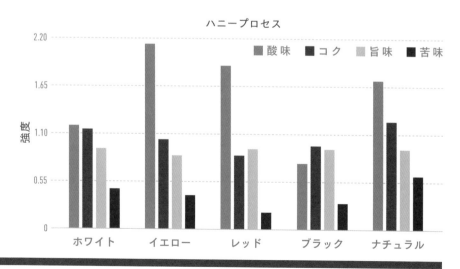

chapter7
スマトラ方式の
精 製

スマトラ島は雨が多く、伝統的に生豆の状態で素早く乾燥する方法がとられています。スマトラのマンデリンは、日本では戦前から飲用されていましたので、歴史が長くファンも多くいます。また米国でもエキゾチックな風味ゆえにファンは多くみられます。

北部スマトラの小農家は、小さな手動の器具で果肉を除去後、半日程度乾燥させ（ウエットパーチメント／水分値が30〜50％程度ある）麻袋などに保管し、ブローカーにパーチメントを販売します。パーチメントのミューシレージが付いたまま一時的に保管されることで、微生物が糖、酸、その他の化合物を代謝します。

その後、工場でミューシレージの付着したウエットパーチメントが脱穀され、生豆の状態で10日程度乾燥されます。スマトラ島は雨、湿気が多く、素早く乾かすため生豆で乾燥すると考えられます。さらに、水分値の高い生豆を乾燥していく過程でも何らかの影響があり、スマトラ独特の風味を生み出していると考えられます。

手動の果肉除去機（上）で果肉除去（中）、パーチメントを水につけ不純物を取り除きます（下）

下の表は、リントン地区の SP と CO (グレード3 : G-3) マンデリンをサンプリングし、私が官能評価した結果です。

マンデリンの在来種の風味は、柑橘の明確な酸味があり、青草、芝の匂い、ハーブなどの風味を醸し出します。繊維質が柔らかく、1年の中で風味が大きく変化します。スマトラ産コーヒーの多くを占めるアテン品種などカティモール系の品種の場合は、酸味が弱く、やや重い風味となりますので、区別がつきます。

スマトラ・リントン地区（2019-20Crop）

SP は酸が強く、コクもあり、生豆の鮮度劣化もしていないと考えられ、CO とは明らかに風味差が見られます。

	pH	脂質(%)	酸価	官能評価	SCA 評価
SP	4.80	17.5	3.60	なめらかな舌触り／レモンの酸／マンゴーの甘味／青芝／檜／杉／森の香り	90.0
CO	5.00	16.0	7.80	酸味を感じない／土っぽく／濁り感が強い	68.0

スマトラの小農家の乾燥

スマトラの手選別

手入れのされていない木

マンデリンの生豆

chapter8

精製方法と
発酵について

チェリーは収穫された後に、微生物(酵母は糖をアルコールと炭酸ガスに分解します)などの影響を受けます。微生物は、果実に入り、果実内の糖と酸の代謝をすぐに開始します。このプロセスは、コーヒーの水分が11〜12%まで減少する乾燥終了まで続き、この過程で異臭を生じることがあります。例えば、果肉除去後の果肉はかなりの発酵臭を出します。

ナチュラルの乾燥日数は、日照や気温、コンクリート地面か乾燥ベッドか(下から風にあたる)、攪拌するかしないかなどによって変わります。ナチュラルの乾燥時間はウォッシュドよりも

かなり乾燥時間が長くなるため、腐敗、過剰発酵、カビなど潜在的なリスクにさらされています。したがってナチュラルはより多くの注意と労力を必要とします。

ウォッシュドの場合は、過完熟の豆が混ざっている場合、チェリーの果肉除去の遅れなどによる場合、発酵槽につけすぎた場合などに異臭としての発酵臭が生じます。

ブラジルやエチオピアその他COのナチュラルの豆にいやな発酵臭が多いのは、精製過程の不備によります。これらの発酵臭は、果肉発酵臭、エーテ

ナチュラル

パルプドナチュラル

ル臭、アルコール発酵臭、刺激臭など
ですので、オフフレーバー（欠点の風
味）として見ます。

しかし、2010年以降は、ナチュラル
の SP の乾燥がよくなってきているの

で、フルーティーでワイニー（赤ワイ
ンの風味で、よい意味で使用）なよい
フレーバーが生じています。

いやな発酵の風味とよい発酵の風味
を見極めるのが、特にナチュラルのテ
イスティングで重要となります。

ナチュラルの発酵の風味

2010年以降、エチオピア、イエメン、中米などで優れたナチュラルのコーヒー
が生まれています。ナチュラルの豆は、ウォッシュドより個性が強い場合が多く、
新しい風味を求める風潮の中でその評価の基準は曖昧になっています。

よいナチュラルの風味	悪いナチュラルの風味
繊細な赤ワイン、微細なナチュラル臭、乾燥プルーン、フランボワーズのチョコレート	果肉が発酵した味、アルコール発酵臭、エーテル臭、みそ、酸化した赤ワイン、樟脳、石油、オイリー

エチオピアのシダモとイルガチェフェ（2019-20Crop）

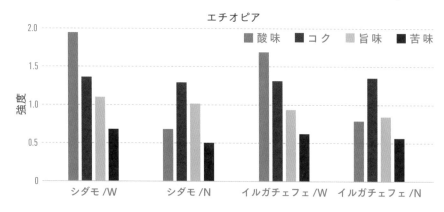

グラフは、シダモ産とイルガチェフェ産のウォッシュドとナチュラルの精製の豆を味覚センサーにかけ
たものです。この4種の豆は、私の官能評価（SCA方式）で85点以上の素晴らしい豆です。ともにSPで、
きれいな風味です。ウォッシュドは、ナチュラルより酸味が強い傾向が見られます。ナチュラルには微
細な発酵臭が感じられますが、フルーティーですのでよいナチュラルとして評価します。
官能評価点数と味覚センサー値の間にはr＝0.9740の相関が見られますので、官能評価の点数を味覚セ
ンサーが裏付けているといえます。

chapter 9

嫌 気 性 発 酵

（Ａｎａｅｒｏｂｉｃ：アナエロビック）

コーヒーが発酵系の食品であることはあまり知られていません。実際には、精製過程において何らかの発酵が伴います。これについては酸素下の発酵として好気性発酵という言葉が使用されます。簡単にいうと空気がないと死んでしまうような微生物による発酵のことです。一方、嫌気性発酵は、空気（酸素）を必要としない状態で活動する微生物の働きによって、発酵する過程のことです。

発酵をどのようにとらえるかは、コーヒーの風味にとって非常に重要な課題です。

コーヒーチェリーは、収穫後、産地の酵母やその他の微生物の影響で、収穫後1日放置しておくと発酵臭が出てきます。この臭いの一部が種子に移ると発酵臭として欠点評価されてしまいます。そこで、夕方までに収穫した豆は、その夜のうちに果肉除去するなど、慎重な管理が必要です。

しかし、この酵母などをうまく利用しようという考え方のもと、チェリーを嫌気性発酵させ、従来の風味と異なるものを生み出そうという試みがあり、それらが多様な形で試され始めています。

コーヒーを発酵食品としてとらえれば、このような考え方も成り立ちま

チェリーを入れるタンク

タンク内で発酵が進行したチェリー

す。しかし、従来の価値観を大きく転換することになり、これらが健全な方法なのかについては疑義も生じます。最大の問題点は、特殊な風味が生じ、生産地のテロワールや品種という概念が意味をなさなくなることです。

　嫌気性発酵に近いさまざまな事例を挙げてみました。

　①密閉したタンク（ドラム缶程度の大きさ）にチェリーを入れ、空気弁から空気を抜き、自然に酵母を増やしてから乾燥工程に入る方法。最も一般的ですが、酵母の種類などの分析はあまりされていませんので、風味の安定性は低いといえます。大きなタンクを準備することは難しく、量産はできません。

　②①のタンクに、チェリーに付着した酵母を培養したものを加える方法もあります。

　③チェリーに付着している以外の別の酵母（パン酵母など）を入れる場合があります。また酵母以外に乳酸菌などを添加する事例もあり、この場合は人為的すぎて2次加工品になると考えられます。

　④ワインのマセラシオン・カルボニック（炭酸ガス浸潤法）をまね、タンクに二酸化炭素を充填し、酵素による発酵を促す方法もあります。

　⑤ダブルファーメンテーションといい、無酸素状態で酵母をアルコール発酵させ、次に乳酸菌を添加する方法もあります。

　⑥最近はさらに多様な方法がとられ、トロピカルフルーツやシナモンな

嫌気性発酵

どのスパイスを入れたり、酒石酸やワイン酵母を加えたりと何でもありの状態です。その他、世界中で、変わった風味のコーヒーを作ろうとさまざまな方法が試されています。

　アナエロビックは新しい精製方法ともいわれますが、評価のコンセンサスは形成されていません。個人的には、まずは適切な精製方法で作られた風味をきちんと理解した上で、この方法について議論すべきと考えます。

　したがって、コーヒーの風味の理解のためには、最初に、ウォッシュドとナチュラルの風味の違いを正しく理解できるようにするべきです。

　私は2019-20、2020-21、2021-22クロップの10カ国以上のアナエロビックの豆をテイスティングしました。よいものは酸味が柔らかく、甘味がありますが、エーテル臭、アルコール発酵臭を感じるものも多く見られました。お酒でいうと、従来のナチュラ

ルのワイニーな風味より、ウイスキーやラム酒のようなアルコール風味を感じる場合も多くあります。

　行き過ぎたアナエロビックが普及すると、コーヒーが2次加工品になってしまい、コーヒーの風味の本質が見えなくなってしまうと懸念しています。何らかの規制もしくは製法の表示を義務付けるべきと考えます。

　下の表はブラジルのカトゥアイ品種の嫌気性発酵の豆を比較し、私がSCA方式で官能評価し、味覚センサーにかけた結果です。基準となる豆はナチュラルの精製で7日間天日乾燥したもの、アナエロビック（Anaerobic）は空気を抜きタンクで発酵させたもの、カルボニック（Carbonic）は二酸化炭素を注入したもの、ダブルファーメンテーション（Double Fermentation）は嫌気性発酵を行ってから乳酸菌を加えたものです。好気性発酵のカトゥーラ品種に比べ、アナエロビック、カルボニックは微発酵を感じます。ダブルファーメンテーションは、アルコール発酵臭を強く感じるので、高い評価はしませんでした。

ブラジル嫌気性発酵の豆（2021-22Crop）

	水分	pH	総酸量	脂質量	SCA	風味
ナチュラル	9.4	5.03	8.29	18.57	81	フローラル、チョコレート
アナエロビック	9.0	5.03	7.34	18.12	83	蜂蜜、ハーブ、スパイス
カルボニック	9.3	5.07	6.46	18.00	80	酸味弱い、ウイスキー
ダブル発酵	9.0	5.08	8.00	15.62	75	エタノール、濁り

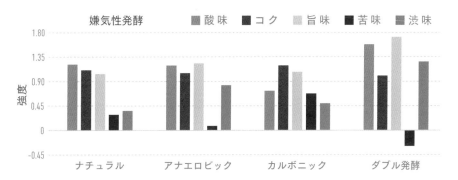

グラフは味覚センサーにかけた結果です。センサー数値にはややバラつきが見られますが、官能評価と味覚センサーの間には、r=0.9184の相関が見られました。

乾 燥 方 法 の 違 い

乾燥方法は、パーチメントを①ビニールシートの上に広げる（零細小農家のパプアニューギニア、東ティモールなど）、②コンクリート、タイル、レンガなどの上に広げる（中米諸国など）、③2〜3段式の棚に広げる（平地の少ないコロンビアなど）、④網の棚に広げる（アフリカで行われていた方法が他の生産国に広がる）、⑤テントで日陰を作り広げる（品質向上を図る生産者）などがあります。

天日乾燥では、乾燥棚を使用する方法がよく、初期段階ではチェリーもしくはパーチメントを薄く広げ、頻繁に撹拌し、水分を抜いていきます。棚の場合はチェリーのすべての面に空気が通過します。きちんと撹拌すれば乾燥はより均一になり、発酵は起こりにくくなります。

乾燥に必要な期間は、日照、気温、湿度の影響を受けます。直射日光が強い場合はチェリーの表面のみが乾燥してしまいます。また、日中や夜間の湿度が高い場合は、微生物の影響が大きくなるので、シートをかける、もしくは日陰や納屋に移動させる場合もあります。

おおまかにはウォッシュドの場合は7〜10日、パルプドナチュラルの場合は10〜12日、ナチュラルの場合は14日前後程度かかります。

ナチュラルの場合は、乾燥後のチェリーはドライチェリーといい、果実の40％の重量になり、生豆に脱穀するとさらにその50％の重量となります。10kgのチェリーから約2kgの生豆ができます。

乾燥機（ドライヤー）がある場合は、湿度の高い産地や、雨に降られたとき、生産量が多い場合には便利です。機械式乾燥機は40〜45℃程度に設定します。あまり高温になると、生豆の鮮度変化が早くなる傾向があります。

天日乾燥とドライヤーの併用もあります。ブラジルの農園（中米に比べ規模が大きい）やコーヒーを量産するコスタリカの農協などでは、ドライヤーを積極的に使用しないと乾燥が追いつかないということになります。これらの産地では、ドラム回転式、下部から熱風を送る撹拌式などを見かけます。

できあがった生豆は、ウォッシュドはグリーン色です。ナチュラルは、緑が淡く、シルバースキン（生豆を覆う薄皮）が残るので、焙煎後の豆のセンターカットのシルバースキンがやや黒くなります。

各生産国の天日（機械）乾燥

イエメンのみナチュラルで
その他はウォッシュドの乾燥。

イエメン

エチオピア

ケニア

タンザニア

グァテマラ

パナマ

エルサルバドル

コロンビア

スマトラ

パプアニューギニア

ハワイ

ドライヤー

2 生産国からコーヒーを知る 中南米編

メジャーな生産地である中南米

　　ブ　ラジルのコーヒーは、日本の生豆の総輸入量の35％程度
　　　　を占め、日本人にはその知名度、風味においてなじみの
深いコーヒーといえます。コロンビアも同様に、コーヒー産地と
して広く知られています。しかし、それ以外のペルー、ボリビア、
エクアドルなどの南米諸国のコーヒーはあまり知られていない
ので、比較的輸入量の多いペルー産について解説ページを設け
ました。また、中米とは、北アメリカと南アメリカをつなぐメキ
シコからパナマまでの地峡部を指し、太平洋と大西洋に面して
います。グァテマラやコスタリカなどがコーヒー産地として知ら
れていますが、他にも多くの生産国があります。各生産国のコー
ヒーには品質や風味の違いがあります。各国の位置関係はわか
りにくいので地図で示しました。過去30年間で多くの中米諸国
の豆を使用してきましたので、その特徴を紹介します。

chapter1

ブラジル
Brazil

生産量(2021-22)
59000千袋(60kg/袋)

DATA

標　高	-------	450〜1100m
栽　培	-------	アラビカ種70%、コニロン（カネフォーラ種）30%
収　穫	-------	5 〜 8月
品　種	-------	ムンドノーボ品種、ブルボン品種、カトゥアイ品種、マラゴジペ品種
精　製	-------	ナチュラル、パルプドナチュラル、セミウォッシュド
乾　燥	-------	天日もしくはドライヤー
輸出等級	-----	欠点数によりタイプ2から8まで

概　要

　ブラジルは、世界最大の生産国で、世界の収穫量の35%前後を占めています。そのため、年度ごとの生産量の増減が生豆の取引価格に大きな影響を与えます。

　ブラジルの5つの生産地域の収穫量は表の通りです。

セラード地区

州	生産量 （1袋 60kg ）	生産 比率
ミナスジェライス Minas Gerais	28500千袋	48%
エスピリトサント Espírito Santo	16700千袋	28%
サンパウロ Sáo Paulo	5300千袋	8%
パラナ Paraná	1100千袋	2%
バイーアその他 Bahia他	7700千袋	14%

Brazil Coffee Annual 2019（ICO）

イエローブルボン品種

等 級

　ブラジルの場合は、輸出等級は「300g中の欠点豆の数」や「スクリーンサイズ（粒の大きさ）」で格付けされます。

　たとえば「ブラジルNo.2・スクリーン16up」と表記されている豆は、①欠点豆の数が0〜4欠点、②スクリーン16（S16）以上で64分の18インチの篩の穴（6.35mm）を通り抜けないことを意味します。スクリーン16はブラジルの豆の標準的なサイズで、これより大きい豆S17、S18などと表記されますが全体の量は少なくなります。

pHと官能評価

　標高1000m前後で収穫された各産地の7種のSPをミディアムローストにし、pHを測定したうえで、テイスティングセミナーのパネル（n=16）がSCA方式で官能評価しました。

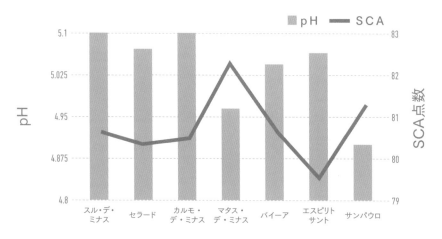

官能評価は、エスピリトサント地区の79.6点以外は80点以上で、マタス・デ・ミナス地区の82.2点が最高点でした。平均は80.85点と大きな差はありませんでした。また、pHは、pH4.91から5.1の幅で平均値は5.04でした。このサンプルの場合、マタス・デ・ミナス産とサンパウロ産はやや酸味が強く、官能評価はそれぞれ82.2点、81.2点と他の産地より高く、酸味が評価に影響を与えていると考えられます。pHと官能評価の点数の間には、r＝0.6120の負の相関があり、pHが低いほうが官能評価がよい結果につながっています。

カルモ・デ・ミナス地区の農園

農園での乾燥風景

農園の収穫

サンパウロのカフェ

　ブラジルの広域の高原は、地域による標高、気温、雨量差は比較的小さいと推測され、コーヒー豆の風味差が出にくい傾向があり、官能評価は難しいと感じます。

　そのためなのか、ブラジルでは品種開発が非常に多く見られます。現在、日本で流通しているブラジルの主な品種はムンドノーボ品種、カトゥアイ品種、ブルボン種などです。

　ブラジルコーヒーは日本で最も多く使用されていますので、この風味に慣れている方が多いかもしれません。まずは、ブラジルのコーヒーの風味をと

らえることから始めるのもよいでしょう。特に同じ南米であるコロンビア産のウォッシュドと風味を比較するとわかりやすいです。

ブラジル産の基本風味

　酸味はやや弱めである反面、コクはやや強い傾向が見られます。かすかに舌に残るざらつき感があります。ウォッシュドの生産国のクリーンな風味とは微妙に質感が異なります。

コロンビア

Colombia

生産量(2021-22)
12690千袋(60kg/袋)

DATA

産　地 ------	アンデス山脈が縦に長く連なり、土壌は火山灰土壌
栽　培 ------	平均気温は18〜23℃
農　家 ------	多くは小農家
収　穫 ------	北部が11〜1月、南部は5〜8月、メインクロップとサブクロップで年2回の収穫
品　種 ------	1970年代まではティピカ品種が主流。その後カトゥーラ品種やコロンビア品種に植え替えられ、現在は栽培面積の70%をカスティージョ品種やコロンビア品種が占め、30%がカトゥーラ品種など
精　製 ------	ウォッシュド
乾　燥 ------	天日

概　要

　世界第3位の生産量を誇るメジャーな生産国です。標高の高い優れた生産地であるにもかかわらず、政情の不安定さなどにより毎年風味のブレを感じてきました。しかし、2010年以降徐々に政情が安定化し、FNC（コロンビア生産者連合会）の農家支援努力、輸出会社（エクスポーター：Exporter）などの産地開拓によって徐々に品質の向上がみられ、ウイラ（Huila）、ナリーニョ（Nariño）県など南部産のよいコーヒーが流通し始めました。その他、サンタンデール（Santander）、トリマ（Tolima）、カウカ（Cauca）などの各県が主要生産地となっています。

　2009年から広がったさび病の影響

トリマ県

ナリーニョ県

で2012年には7700千袋まで生産量が落ち、相場高騰の原因となりました。セニカフェ（Cenicafé：FNC の研究部門）はさび病対策として、カス ティージョ品種の植樹などを行い、2015年には生産量が14000千袋まで回復し、その後は安定しています。

等 級

輸出等級は、スクリーンサイズの大きなスプレモ（S17以上 /S16〜14の混入が最大5% まで許容）とエクセルソ（S16/S15〜14の混入が最大5％まで許容）に区分され、S14以上が輸出されます。また、欠点豆混入率、異臭の有無、虫の混入、色の均一性、水分含有率、クリーンカップなどでも判定されます。

SP として流通する主な生豆は、S16以上で、生産県、農園名、品種などの生産履歴がわかるものです。

完熟したチェリーだけを摘みます

コロンビア産の基本風味

　北部のセサール県（Cesar）、ノルテ・デ・サンタンデール県（Norte de Santander）などにはティピカ品種がわずかに栽培され、さわやかな柑橘果実の酸味を感じます。南部のウイラ（Huila）県産はオレンジのような酸としっかりしたコクの濃縮感があり、風味のバランスのとれたコーヒーで、ナリーニョ県産は、レモンのようなしっかりした酸味と明確なコクがあります。

農園の苗床

官能評価

　下図はコロンビアのウイラ県産の SP3種と CO3種の総酸量と脂質量を比べたものです。SP は総酸量、総脂質量ともに CO より多い傾向が見られます。総酸量は酸味（Acidity）の質に、総脂質量はなめらかさやコク（Body）に影響を与えると考えられます。テイスティングセミナーのパネル (n=16) の官能評価点数と総酸量 + 総脂質量との間には r=0.9815の高い相関が見られました。

コロンビア・ウイラ県産の脂質量と官能評価

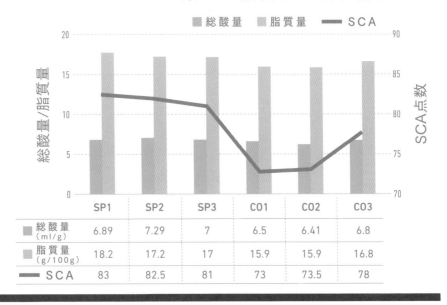

	SP1	SP2	SP3	CO1	CO2	CO3
総酸量 (ml/g)	6.89	7.29	7	6.5	6.41	6.8
脂質量 (g/100g)	18.2	17.2	17	15.9	15.9	16.8
SCA	83	82.5	81	73	73.5	78

　コロンビア産のコーヒーは、産地による風味の多様性があると感じるので、生産県を確認して飲んでみてください。基本的には、柑橘果実のさわやかな酸味とほどよいコクのバランスのとれたマイルドなコーヒーです。

乾燥

chapter3

ペルー
Peru

生産量(2021-22)
3850千袋(60kg/袋)

DATA

標　高	------	1500〜2000m
農　家	------	85％は3ha以下の小農家
収　穫	------	3〜9月
品　種	------	ティピカ品種70％、カトゥーラ品種20％他
精　製	------	ウォッシュド
乾　燥	------	天日、機械

概　要

　ペルーのコーヒー農家は、小規模な家族経営が多く、85％は3ha以下の小農家です。市場ではあまり目立ちませんが、日本の輸入量は比較的多い国です。生産量も中米のグァテマラやコスタリカを超えています。ただし、標高の高い産地で、インフラの整備が行き届いておらず、生豆の品質に問題を抱えていました。

　2018年8月にペルー輸出観光振興会（Promperú）がペルーコーヒーの商標『Cafés del Perú（カフェス・デル・ペルー）』を発表し、コーヒーの国としてのペルーのイメージを海外で広める一方、国内でも国産コーヒーの消費を促進しています。特に2010年以降は、高品質豆の新しい産地として認知されつつあります。

　北部の Cajamarca（カハマルカ）、Amazonas（アマゾナス）、San Martín（サン・マルティン）の3県で全国生産シェアの6割強を占めています。品種は、ティピカ品種、カトゥーラ品種、その他ブルボン品種などが多く栽培されています。

ペルーのコーヒー農園

等級

　ウォッシュドコーヒーの格付け
は、欠点豆の選別を重視していま
す。最も厳密な方法は、機械選別
（比重選別やスクリーン選別）後、
電子選別機にかけ、さらにハンド
ソーティングを行います（ESHP：
Electronic Sorted & Hand Picked）。
SP の場合は風味の特徴が問われま
す。

グラフはペルーの SP と CO をサンプリングし、味覚
センサーにかけたものです。SP は酸味、コク共に明
確ですが、CO には特徴が見られません。

官能評価

　多種の品種を栽培している農園の豆
で、あまりに素晴らしい風味だったの
で、私の評価を載せました。

　10年前に比べれば、同国の SP の品
質は著しく向上していますが、市場流
通量は多くはありません。生産履歴の
明確な豆を見つけたら一度試してくだ
さい。

ペルーの農園 (2019-20Crop)

品種	焙煎	pH	SCA	官能評価
ゲイシャ	H	5.1	88	ゲイシャらしい香り、華やかな酸味、甘い余韻
ティピカ	C	5.2	92	フローラル、クリーンできれいな柑橘果実の酸味
ブルボン	C	5.2	90	しっかりした酸味とメリハリのあるコク
パカマラ	C	5.2	87	焙煎が深くやや重いが、華やかな果実感がある
カトゥーラ	FC	5.5	84	甘い苦味の余韻がやや舌に残る印象

焙煎の H はハイロースト、C はシティロースト、FC はフルシティロースト。
SCA は、ペーパードリップで25g の粉を2分30秒で240ml 抽出し、SCA のカッピングフォームで評価
した点数。

chapter 4

コスタリカ
Costa Rica

生産量(2021-22)
1470千袋(60kg/袋)

DATA

産　地	タラズ、セントラルバレー、ウエストバレー、トゥリアルバ
品　種	カトゥーラ品種、カトゥアイ品種、ビラサルチ品種
農　家	小農家が多く、一部は大農園だが、現在はマイクロミルが拡大
収　穫	10～4月
精　製	ウォッシュド、ハニープロセス
乾　燥	天日、ドライヤー

概要

　コスタリカは、2010年以降に最も変貌した産地といえます。1990年代は、日本での認知は少なく、グアテマラに大きく後れを取っていました。コスタリカでは、タラズ（Tarrazú）のドータ農協、ウエストバレー（West Valley）のパルマレス農協など大きな農協組織が発達し、生産者はチェリーを農協傘下のミル（水洗加工場）に持ち込み、大量生産をする仕組みでした。それぞれの地域で農協組織があり、組織化された生産地で、中米の中では最も効率的な生産をしていると感じました。

　しかし、2000年以降イカフェ (ICAFA：Instituto del Café de Costa Rica/ コスタリカコーヒー協会）は、タラズ、セントラルバレー（Central Valley）、ウエストバレー（West Valley）、トゥリアルバ（Turrialba）、トレスリオス（Três Rios）、オロシ（Orosi）、ブルンカ（Brunca）などの生産地区に区分して消費国に産地を紹介してきています。

ウエストバレーの大規模農園

等　級

　コスタリカ産の等級は、標高と生産地区で決められます。有名なタラズは標高が高く、多くは SHB（Strictly Hard Bean：1200m～1700m）になります。最大の生産地であるウエストバレーは、GHB（Good Hard Bean：1200～1500m）となります。ただし、最近のマイクロミルなどは、より標高の高いところに栽培地区を広げていますので、従来の等級はあまり意味を持たなくなりつつあるように感じます。SP の品質は高く、2022年現在、世界中の輸入会社（インポーター）やロースターから注目を集めています。

マイクロミルの誕生

　2000-2001年の国際コーヒー価格の暴落（ブラジル、ベトナムの生産量の増大などの影響）により、コーヒー生産者は十分な収入を得られず、転作や離農が増えた時期がありました。コスタリカの小農家は、自分たちの手で果肉除去し、乾燥ができるプライベートの水洗加工場を作り、品質的な付加価値を付けることを考えました。これらはマイクロミル（Micro mill）と呼ばれています。

　2000年代の終盤あたりからこのマイクロミルは世界的に認知され始め、生産者は、果肉除去機や脱粘機（ミューシレージを除く機械）などに投資することで、大手農協に依存することなく、自由にコーヒーを作り始めたわけです。

　1990年以降には、イカフェが推奨してきたカトゥーラ品種が多くを占めるようになりましたが、ここ数年マイクロミルの生産者は、ティピカ品種、ゲイシャ品種、SL 品種、エチオピア系品種など様々な品種の栽培にトライしています。現在マイクロミルは200を超え、高品質のコーヒー生産に寄与しています。

果肉除去機

官 能 評 価

コスタリカ　マイクロミルの豆の
理化学的数値と官能評価（2018-19Crop）

生産地区	pH	脂質	酸価	ショ糖	SCA	官能評価
ウエストバレー	4.95	17.2	1.91	7.90	87.5	舌触りのよい粘性がある
タラズ	4.90	16.4	3.43	7.85	85.25	柑橘果実の甘い酸味

※ SCA は SCA 方式による点数

　上の表は、マイクロミルの豆を分析した数値と官能評価の結果です。pHは数値が低ければ酸味が強く、酸価は数値の低いほうが脂質の酸化（劣化）が少ないことを意味します。脂質、ショ糖は数値が大きければ成分量(g/100g) が多いことを意味するので、ウエストバレー産は脂質量、ショ糖量が多く、脂質の劣化が少ないため、官能評価点数も高いと考えられます。

　コスタリカのマイクロミルの生産者は、パルプドナチュラルの精製方法を多く取り入れ、ハニープロセスとも呼ばれています。この方法は多くの生産国に影響を与え、追随する生産者が増えています。

品質管理

コスタリカ産の基本風味

　コスタリカ産のマイクロミルの豆は、高品質の SP として流通していますのでおすすめです。酸味が明確でしっかりとしたコクがあり、豊かな味わいです。

グァテマラ

Guatemala

生産量(2021-22)
3778千袋(60kg/袋)

DATA

標　高 -------	600〜2000m
産　地 -------	アンティグア、アカテナンゴ、アティトゥラン、ウエウエテナンゴ他
品　種 -------	ブルボン品種、カトゥーラ品種、カトゥアイ品種、パチェ品種、パカマラ品種
精製・乾燥 --	湿式、コンクリート、レンガなどの乾燥場で天日乾燥
収　穫 -------	11月〜4月
輸出規格 -----	SHB(Strictly Hard Bean：1400m 以上)、HB (Hard Bean：1225-1400m)

概　要

　グァテマラのアナカフェ[*]（ANA CAFÉ：Asociación Nacional del Café）は、2000年代の初めから消費国に対し、産地の特徴について積極的なセールスプロモーションをかけました。現在の主な生産地区は、アンティグア（Antigua）、アカテナンゴ（Acatenango）、アティトゥラン（Atitlán）、コバン（Cobán）、ウエウエテナンゴ（Huehuetenango）、フライハーネス（Fraijanes）、サンマルコス（San Marcos）、ニューオリエンテ（Nuevo Oriente）の8つに区分されます。

[*]1960年に設立。グァテマラのコーヒー部門を代表する機関で、コーヒーの政策を立案、実施し、コーヒー生産と輸出振興を通して国民経済を強化する役割を持っています。

アンティグア
地区

アティトゥ
ラン地区

ウエウエテ
ナンゴ地区

アンティグア地区

中でもアンティグア地区は、アグア、フエゴ、アカテナンゴ（Agua、Fuego、Acatenango）の3つの火山に囲まれ、火山灰土壌が育むで優れたコーヒーが、高く評価されてきました。この地のコーヒーは、他の産地よりも価格が高く、混ぜられて売られる事例が多く見られたため、農園主により2000年にAPCA（アンティグア生産者組合 / 現在39の農園から構成）が組

官能評価

ウエウエテナンゴ産もよいコーヒーがあります。グラフは、2021年に開催されたエル・インフェルト農園（El Injerto）のインターネットオークションのサンプルを味覚センサーにかけた結果です。この農園のパカマラ品種（Pacamara）は、柑橘果実の酸味にラズベリージャムの甘味が加わり素晴らしい風味でした。

織されて、本物のアンティグア産コーヒーの麻袋には「Genuine Antigua Coffee」のマークを入れています。

1996年にスターバックスが*銀座に日本1号店を開店して数年間、メニューボードにグァテマラ・アンティグア産とコロンビア・ナリーニョ産の2つのメニューが掲載されていました。古都アンティグアは石畳が敷かれ、建物の壁がカラフルに塗られた観光地でもあります。

＊銀座店の前に成田空港に直営店を出店していますが、撤退しています。

グァテマラ産の基本風味

アンティグア産は、甘い花の香り、明るい酸味、複雑なコクが特徴の素晴らしいコーヒーで、ブルボン種の基本風味を代表しています。最近は、さまざまな品種が栽培されていますが、まずはアンティグア地区のブルボン品種の風味を理解するのがよいでしょう。

ゲイシャ品種（Geisha）はパナマのエスメラルダ農園の苗木を移植したもの。モカ品種（Moka）は非常に珍しい小粒の豆です。テイスティングセミナー（n=20）でのSCA方式の評価点数は、パカマラ品種90点、ゲイシャ品種88点、モカ品種85点と高く、味覚センサー値との関係も $r=0.9998$ と高い相関が見られました。

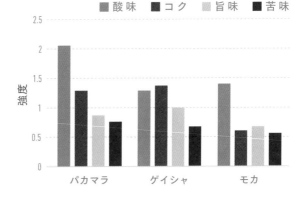

■酸味　■コク　■旨味　■苦味

chapter6

パナマ
Panama

生産量(2021-22)
115千袋(60kg/袋)

DATA

標　高	------	1200m〜2000m
産　地	------	ボケテ、ボルカン
品　種	------	ゲイシャ品種、カトゥーラ品種、カトゥアイ品種、ティピカ品種他
精製・乾燥	--	ウォッシュド、一部ナチュラル
収　穫	------	11月〜3月
乾　燥	------	天日、ドライヤー

概　要

　2004年ベストオブパナマ*（Best of Panama）でデビューしたエスメラルダ農園のゲイシャ品種は、冷めるとパイナップルジュースのような風味で、世界のコーヒー業界に衝撃を与えました。

　パナマの他の生産者およびパナマ以外の生産者もこの品種に関心を持ち、2010年代には多くの生産者が栽培するようになりました。そのため、ベストオブパナマは、ゲイシャ品種のオークションに様変わりし、2020年のオークションでは、SCA方式で95点という高いスコアがつけられています。ゲイシャ品種は、デビューから20年近くの歴史を刻み、その風味の認知度が高まりつつあります。

　パナマのボケテ（Boquete）、ボルカン（Volcán）地区は、特異なテロワールを持ち、多くの生産者は高品質で価格の高い豆の生産に特化してきています。生産量は少なく、日本入荷はごく少量です。

＊パナマのコーヒー協会が主催するインターネットオークション。SCAの評価方式で国内審査を経て国際審査員の評価により選ばれます。

ボルカン地区の農園

官 能 評 価

　グラフは、ベストオブパナマの5農園のウォッシュド (W) のゲイシャ品種を味覚センサーにかけた結果です。W1を除くと風味パターンは近いといえます。オークションジャッジの点数は、W1＝93.5、W2＝93.5、W3＝93、W4=93 、W5=92.75と高評価でほぼ差はありません。味覚センサー値と官能評価の間には、r＝0.9308の高い相関が見られました。

ベスト・オブ・パナマ（2021Crop）　ウォッシュド

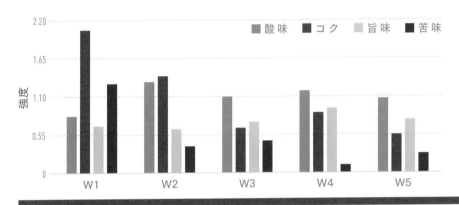

ゲ イ シ ャ 品 種

　パナマ産のゲイシャ品種は、価格が高い豆ですが、果実の華やかな風味は格別です。機会があれば一度試してみるのもよいでしょう。

ゲイシャ品種の開花

ゲイシャ品種

エルサルバドル

El Salvador

生産量(2021-22)
507千袋(60kg/袋)

DATA

標　高	------	1000〜1800m
産　地	------	アパネカ、サンタアナ
栽　培	------	10月〜3月　日陰栽培が多い
品　種	------	ブルボン品種、パカマラ品種、パチェ品種
精　製	------	ウォッシュド
乾　燥	------	天日

概　要

古いブルボン品種の木が多く残っている貴重な産地です。また、パカマラ品種はエルサルバドルのコーヒー研究所で開発され、2000年以降徐々に存在が知られるようになりました。

世界的な広がりを見せたのは、2005年グァテマラのカップオブエクセレンス（Cup of Excellence：COE）でパカマラ品種が1位になってからです。従来の優れたブルボン品種は、柑橘系の酸味が基本でしたが、このパカマラ品種にはラズベリーのような華やかさが加わっていました。

アパネカ（Apaneca）、サンタアナ（Santa Ana）などが主な産地で、主にはアパネカ産の生豆が日本に入っています。ただし、さび病の被害も多く

みられる産地です。ブルボン品種が60%を占め、他はパカマラ品種、パチェ品種、カトゥーラ品種です。

エルサルバドルの火山

等　級

等級は、Strictly High Grown が1200m以上、High Grownは900〜1200m、Central Standard が500〜900mで、標高で格付けされています。

エルサルバドル産パカマラ品種の基本風味

　風味は、ティピカ品種系のシルキーで上品なものと、ブルボン品種系のコクに華やかな果実感を加えたものの2パターンある印象です。まずはエルサルバドルを代表するパカマラ品種を試してください。よいものであればシルキーで甘味があり、中には華やかな風味のものもあります。

官能評価

　2019-20Crop のウォッシュドをサンプリングし官能評価した結果を下の表にしました。さらに味覚センサーにもかけました。

　SCA 方式による評価点は、テイスティングセミナー参加者（n=16）の平均点です。このブルボン品種は、やや鮮度が落ちています。その他は SP

として評価しました。

　グラフのように味覚センサー値では SL 品種の酸味数値が突出しています。パカマラ品種、マラゴジペ品種はほぼ同じ風味パターンです。官能評価値と味覚センサーの間には r ＝0.6397とやや相関が見られました。

エルサルバドル（2019-20Crop）

品種	水分	pH	SCA	官能評価
ブルボン	9.8	5.1	79	ミカン、アフターにやや渋味、草の香り
パカマラ	9.9	5.1	88	華やか、上品な酸味、甘い余韻
SL	10.6	5.1	86	華やか、ただし微細な発酵、ワイニー
マラゴジペ	10.6	5.1	82	特徴が弱いがまとまっている

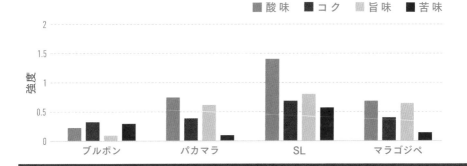

3 生産国からコーヒーを知る
アフリカ編

華やかな風味の多いアフリカ

　　　アフリカ地域では、エチオピア (Ethiopia)、ケニア
東 (Kenya)、タンザニア (Tanzania)、ルワンダ（Rwanda）、
マラウィ (Malawi)、ウガンダ (Uganda)、ブルンジ（Burundi）
などでコーヒーが生産されています。その他、サハラ砂漠南の
西アフリカ地域のギニア (Guinea)、コートジボアール (Cote
d'Ivoire)、トーゴ (Togo)、内陸部の中央アフリカ共和国
(Central African Republic)、コンゴ (Congo)、カメルーン
(Cameroon)、アンゴラ（Angola）、インド洋上のマダガスカ
ル（Madagascar）などで広くコーヒーが栽培されています。
東アフリカは、アラビカ種の生産比率が多い傾向があり（ただ
しウガンダはカネフォーラ種の生産が多い）、中央、西アフリ
カはカネフォーラ種の生産比率が多い産地です。

chapter1

エチオピア
Ethiopia

コーヒーセレモニー*

生産量(2021-22)
7631千袋(60kg/袋)

DATA

標　高	1900m〜2000m
産　地	シダモ、イルガチェフェ、ハラー、ジンマ、カッファ、リム、ウォレガ
品　種	在来系の品種
農　家	小規模農家（平均0.5ha）
収　穫	10〜2月
精　製	CO はほぼナチュラル、SP はウォッシュドとナチュラルがある

概　要

　日本では、イエメン産同様エチオピア産も一部では「モカ」とも呼ばれています。ハラー地方産は「モカハラー」名でも流通しています。また、シダモ（Sidamo）、ハラー（Harrar）、ジマ（Djima）地方などはナチュラルの精製が多く、欠点豆の混入、発酵の風味があるものも多く見られます。しかし、日本ではエチオピアの人気は高く、汎用品の多くが「モカブレンド」として使用されています。

*コーヒーセレモニーはおもてなしのため、コーヒーを儀式化した作法で女性が取り行います。

エチオピアは、生産国の中ではコーヒーを多く飲用する国です。写真はエチオピアを訪問した時に飲んだエスプレッソ。

等　級

エチオピアの等級は、300g 中の欠点豆の数で決められています。G-1は0〜3欠点、G-2は4〜12、G-3は13〜27、G-4は28〜45、G-5は46〜90です。実際には欠点豆は、等級以上の混入が目立ちます。SP として流通する豆は G-1、G-2グレードのものが多くなります。

エチオピアコーヒーの品質管理の流れ

生豆サンプル（左）生豆の欠点をチェックし（中）スクリーンサイズを測ります（右）

サンプルローストし、（左、中）粉にします（右）

熱水を注ぎ、風味に問題がないかチェックします

イルガチェフェ地区

1990年代中盤にイルガチェフェ地区（Yirgacheffe）のウォッシュドのG-2が初めて日本にごくわずか入港し購入しました。このとき、初めてエチオピア産のコーヒーに果実感を感じ、衝撃を受けました。

2000年代に入ってイルガチェフェ

地区に新しいステーション（水洗加工場）ができると、果肉除去の工程での未熟果実の選別精度が向上し、イルガチェフェG-2のウォッシュドの流通が増え始め、果実のような風味が徐々に認知されるようになりました。ただし、この時期はまだ購入できるサンプル数も少なく、また風味の安定性もなかったため、ブレンドで使用するのをためらいました。生豆の購入にはかなり試行錯誤しました。

2010年代に入るとイルガチェフェのウォッシュドのG-1が生まれ、著しく風味の安定性が向上しました。また、

2015年頃から、いくつかのステーションでクリーンな風味のナチュラルのG-1が誕生しています。エチオピア産SPの歴史は、イルガチェフェ産のコーヒーにけん引されてきたといえます。

イルガチェフェのステーション、ナチュラルの乾燥工程

イルガチェフェ地区の基本風味

ウォッシュドG-1は、香りが高く、華やかな酸味のコーヒーです。柑橘系の果実の酸がベースで、そこにブルーベリー、レモンティーなどの特徴が加わります。さらにメロンや、ピーチなどのニュアンスを感じる場合もあります。多くの場合、甘いアフターテーストが長く持続します。シティローストになるとしっかりした酸にコーヒーとしての奥深いコクが加わり、バランスがよくなります。フレンチローストでは、かすかに残るやわらかな酸と苦みが心地よくアフターテーストに甘みを感じます。

ナチュラルG-1は、従来のナチュラルとは根本的に風味が異なり、G-4に見られる発酵臭がほぼなくなります。華やかな果実感と南仏の赤ワインのような風味があります。フレンチローストでもなめらかなコクが維持され、フランボワーズのチョコレートやボジョレーヌーボーのような甘いストロベリーを感じる場合もあります。私はナチュラルの発酵系のフレーバーが過度に強くないもの、上品で落ち着いた風味を高く評価します。

エチオピアの優れたステーションのG-1は、素晴らしい風味ですので、体験してみてください。

官能評価

下の表は、エチオピアの輸出会社から送られたイルガチェフェ産のサンプルを官能評価し、さらに理化学的な分析を行ったものです。

イルガチェフェ産2019-20Cropの理化学的数値と官能評価

サンプル	pH	脂質量	酸価	ショ糖	SCA	官能評価
WashedG-1	4.95	17.6	2.31	7.77	87.16	華やかな熟した果実、クリーン
NaturalG-1	4.97	17.0	3.04	7.75	86.00	赤いベリー系、赤ワインの風味、かすかな発酵臭がある
NaturalG-4	5.05	16.00	6.82	7.44	73.52	濁りがあり雑味

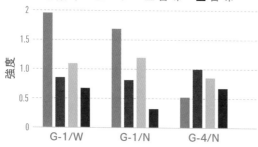

イルガチェフェのステーション、ウォッシュドの乾燥工程。

このサンプルの数値がすべてのイルガチェフェを代表するわけではありませんが、G-1は素晴らしい風味です。SCA評価はテイスティングセミナーのパネルn＝24の平均値です。G-1はG-4に比べ、酸味が強く（pHが低い）、コクや甘味があり（脂質量、ショ糖量が多い）、かつ濁りがなく鮮度がよい（酸価＝脂質の劣化が少ない）コーヒーといえます。官能評価の点数と理化学的数値（脂質量＋ショ糖量）の間には、r＝0.9705と高い相関がみられ、理化学的数値は官能評価を補完できると考えられます。このサンプルの場合は、ウォッシュドに素晴らしい風味がみられました。

エチオピアの行政区画は、広域のレジョン（Region）、第2レベルの70前後のゾーン（Zone）があり、その下に第3レベルのウォレダ（Woreda）があります。2020年前後から、生産履歴が詳細にわかるコーヒーを入手できるようになりました。今後は、ジマ（Jimma）、シダマ（Sidama）、グジ（Guji）ゾーンなどのG-1グレードのコーヒーを楽しめるでしょう。

chapter2

ケニア
Kenya

生産量(2021-22)
871千袋(60kg/袋)

DATA

産　地 ------- ニエリ、キリニャガ、キアンブ、ムランガ、エンブ など

品　種 ------- 主には、SL28、SL34でブルボン系の品種

農　家 ------- 70％を占める小規模農家は完熟チェリーをファクトリー（加工場）に持ち込む

収　穫 ------- 9〜12月がメインクロップ、5〜8月頃がサブクロップ

精製・乾燥 -- ファクトリーではウォッシュドの精製後、アフリカンベッド（棚）で天日乾燥

輸出等級 ----- AA=S17〜18、AB=15〜16、C=S14〜15、PB= 丸豆

概　要

1990年にこの仕事を始めた頃は、ケニア産のコーヒーは酸味が強く、日本では敬遠されていました。当時はジャマイカ産（162ページ参照）のように酸味が穏やかで軽やかな風味のコーヒーが求められていました。その後、2000年代の初期にケニアのいくつかの農園の果実感のある風味に衝撃を受け、ナイロビに近いキアンブ地区の多くの農園の豆を使用しました。さらに、2010年前後には農協のファクトリー（Factory/ 水洗加工場のケニアの呼び名）の品質の高い豆を輸入できるようになり、ケニア産の華やかな果実感のあるコーヒーのとりこになりました。

生産地区は、ニエリ (Nyeri)、キリニャガ (Kirinyaga)、キアンブ (Kiambu)、ムランガ (Murang'a)、エンブ (Embu)、メルー(Meru) などです。それぞれの地区に農協があり、多くのファクトリーで構成されています。

2000年代初期の 農園の豆

品種	官能評価
ムネネ	初めて購入したケニア、強烈な個性に衝撃を受けた。
ケントメアー	驚くべき熟した果実の香りと酸味とコク。
ゲズムブイニ	熟した乾燥プラムのような果実感とスパイス。
ワンゴ	華やかな柑橘果実の酸味に、熟した果実の風味。

この当時は、世界で最も華やかな風味のコーヒーでした。

小 規 模 農 家

　大規模農家は30％程度で、小規模
農家が70％（2ha以下が多い）と多
くを占めています。主にブルボン系品
種のSL28とSL34が植えられていま
す。小農家はこの完熟したチェリーを
ファクトリーに持ち込みます。ファク
トリーでは、果肉除去後にパーチメン
トを棚（アフリカンベッド）で乾燥し
ます。ケニアの収穫期は年2回あり、
収穫期は9〜12月がメインクロップで
70％、5〜8月がサブクロップで30％
程度の生産量となりますが、年により
収穫量の比率は変動します。

ケニア産の基本風味

　ケニアの優れたSL品種には、
他の生産地には見られない多様な
果実の酸、複雑なコクがあり、深
い焙煎にも耐えられます。その果
実感は、柑橘果実のレモン、オレ
ンジ、赤い果実のラズベリーやプ
ラム、黒い果実のブドウ、乾燥プ
ルーンまで幅広いといえます。そ
のため多くの生産国にも知られる
ことになり、コロンビア、コスタ
リカなどでもSL品種を植える事
例が見られます。

農園

ファクトリーの乾燥

小農家の裏庭では間作もします

小農家の家畜

官能評価

過去20年間多くのケニア産のコーヒーを購入し、飲用してきました。表は各産地のファクトリーのコーヒーです。この時期のケニア産のコーヒーの風味はゲイシャ品種に匹敵する華やかさを持つ豆が多くみられましたので載せました（ファクトリー名は割愛していますのでご了承ください）。この当時は、SCAA評価で90点をつける国

際的にコンセンサスは形成されていませんでしたが、素晴らしい風味だったのであえて90点以上の点数をつけました。ただし、同じファクトリー産でも生産ロットによる風味差、生産年による風味差があることは留意してください。

ケニアの生産地区のファクトリーの豆 （2015-16Crop）

産地	官能評価	SCAA
キアンブ	酸味とコクの安定した風味、オレンジの甘い酸味にかすかにトロピカルフルーツの味が隠し味。	91.00
キリニャガ	よいものはオレンジに加えてプラムなどの赤系の果実があり、華やかでクリーンで上品、甘い余韻で香りも際立つ。	92.50
ニエリ	花のような香り、レモンフレーバーに上品な蜂蜜の甘味を感じさせる。	90.00
エンブ	甘い温州ミカンの酸味に黒系の果実が混ざり合い、複雑な風味を醸し出す。	88.00

SCAAスコアは、テイスティングセミナーにおけるパネル45名（n=45）の平均値。

ケニアでは乾燥後のドライパーチメントは、ドライミル（精製工場）で、比重選別、スクリーン選別を経て、麻袋に梱包されます。私は品質維持のため真空パックにして、定温コンテナ（リーファーコンテナ）で輸入してきました。

ケニア産のSL品種は、ゲイシャ品種（後述）に引けを取らない果実の風味がありますので、ぜひ飲んでほしいコーヒーです。

パーチメントの脱穀から選別、パッキングまで行うドライミル。

chapter 3

タンザニア
Tanzania

生産量(2021-22)
1082千袋(60kg/袋)

DATA

産　　地 ------ 北部産、南部産のアラビカ種が約70%、その他はカ
ネフォーラ種

品　　種 ------ ブルボン品種、アルーシャ品種、ブルーマウンテン
品種、ケント品種、N39

農　　家 ------ 全体で約40万生産農家と推定され、うち90%は2ha
以内の小規模農家

収　　穫 ------ 6～12月

精製・乾燥 -- ウォッシュド、アフリカンベッド(棚)

輸出等級 ---- サイズ、欠点数でAA、AB、PB(ピーベリー)

概　要

北部の主要産地は、カラツ(Karatu)、アルーシャ(Arusha)、モシ(Moshi)などキリマンジャロ山麓にあり、大規模農園が多く、品質のよいコーヒーが生産されています。農園からパーチメントがモシのドライミルに運ばれ脱穀、選別され、タンザニアの積出港であるダルエスサラーム港(Dar Es Salaam)に運ばれます。

南部地区のムベヤ(Mbeya)、ムビンガ(Mbinga)および西部地区のキゴマ(Kigoma)は、小農家が多く、適切なコーヒー栽培がなされてこなかった地域ですが、タンザニア収穫量全体の40%ほどを占めます。タンザニアのコーヒーの品質と生産性を向上させるための適切な技術を開発し、世界市場での競争力を高め、最終的に収入を増やし、貧困を減らし、生産者の生活を改善することを目的としたTaCRI(Tanzania Coffee Research Institute)が2000年に開設されました。

2010年以降は、農協の加工場であるCPU(Central Pulperly Unit)にチェリーを持ち込む方式も増加しつつあり、高品質なコーヒーが安定して生産されるようになってきています。

タンザニアの農園

等 級

　等級は主にスクリーンサイズで決まり、AA は6.75mm（S17）以上、A は6.25〜6.75（S16）です。日本では、タンザニア産のアラビカ種を「キリマンジャロ」というういい方で販売する事例もありますが、SP の場合は農園名もしくは輸出会社（エクスポーター）のブランド名などが表示されます。

タンザニア産の基本風味

　品種はブルボン品種系ですが、ケント品種、アルーシャ品種などと交雑し、木の形状ではわかりにくくなっています。基本の風味としては、グレープフルーツのようなやや苦味を伴った酸味を感じます。果実感はそれほど強くなく、またコクもやや弱めなので、マイルドで飲みやすいタイプのコーヒーといえます。

木の剪定

官 能 評 価

　下の表はタンザニアの各地域の豆をサンプリングし、テイスティングセミナー（n=20）で官能評価したものです。ケニアに比べると特徴は弱く、SCA 方式で85点を超えるコーヒーは少なくなります。

タンザニア（2019-20Crop）

地区・品名	品種	pH	官能評価	SCA
カラツ	ブルボン	4.85	オレンジの甘い酸味があり、なめらかな舌触り	87.00
ンゴロンゴロ	ブルボン	4.90	個性が強くない反面なめらかで飲みやすい	83.00
アルーシャ	ブルボン	4.95	バランスの取れたマイルドタイプ	81.50
キゴマ	不明	5.00	重くどっしりした風味、鮮度劣化している	75.50
ムビンガ	不明	5.02	北部産に比べるとやや濁りを感じる	79.25
AA	不明	5.02	欠点豆の混入が多く、濁りと渋味を感じる	70.00

ルワンダ
Rwanda

生産量(2021-22)
301千袋(60kg/袋)

DATA

標　高	------	1500〜1900m
栽　培	------	2〜6月
品　種	------	ブルボン品種
精　製	------	ウォッシュド、ナチュラル、アフリカンヘッド
乾　燥	------	天日

概　要

　ルワンダは、コンゴ国境近くのマウンテンゴリラが有名で、ツアーも組まれています。ルワンダのコーヒーは、1900年代初頭にドイツ人によって導入されました。ルワンダで起きたジェノサイド＊（1994）後の1995年から復興が進み、1農家当たり600本の木が植えられたといわれます。しかし、当時は、農家がパーチメントまで作り、仲買人に売る仕組みで品質が悪く、政府はCWS(Coffee Washing Station)を推進し始めました。

＊1994年4月、フツ族とツチ族の民族対立に端を発するルワンダにおける虐殺

　2004年からはUSAID（United States Agency for International Development：米国国際開発省）の支援を受けた多くのCWSの建築が進み、2010年には187、2015年には299、2017年には349か所に増えて、品質の向上が図られました。現在、約40万の小規模農家＊がコーヒーを生産し、生計を立てているといわれます。

＊ JICA/ ルワンダ共和国 コーヒー栽培・流通に関する 情報収集・確認調査報告書

キブ湖のステーション

生産地域は、西部のキブ湖（Lake Kivu）周辺をはじめとし、冷涼で標高の高い北部地域や、南部地域などに広がっています。

2000年代中盤頃からルワンダ産生豆の調達が可能になり、当時から毎年使用してきましたが、1粒でも混ざるとはっきりわかるポテト臭（蒸れたイモ、ゴボウなどの嫌な臭いで、カメムシ：Antestia bug が原因といわれます）が出て使用に注意が必要でした。焙煎機から出した瞬間に臭い、選別に苦労し

ルワンダ産の基本風味

ルワンダ産のコーヒーは、エチオピアのウォッシュドのような果実感はありませんが、ブルボン品種系の風味特性である酸とコクのバランスのよいマイルドな風味です。よいものはグァテマラ・アンティグア産に近く、ブルボン品種の風味を確認するにはよい豆だと思います。

たので、ブレンドに使用することができず使用量が増えませんでした。しかし、現在はポテト臭がなくなりつつあり、積極的に使用しています。

近年品質の向上が著しく、酸味とコクのバランスのよいコーヒーなので、試してください。

官能評価

下図は、2012年に設立されたCEPAR（Coffee Exporters and Processors Association of Rwanda：ルワンダの34のコーヒー輸出業者および加工業者協会）などによって組織されたオークションのオークションジャッジの点数、および味覚センサーにかけた結果です。

この味覚センサー値のグラフから見ると、W1（ウォッシュド）は酸とコクのバランスがよく、W2は酸味が強いことにより評価が高くなったと考えられます。また、W3とW4は酸味が強いわりにコクがなく、W5は酸味が弱いため評価がやや低い結果になったと推測します。味覚センサー値と官能

評価の間には、r＝0.8563の高い相関があり、官能評価点数をセンサー値が裏付けているといえます。

ルワンダ

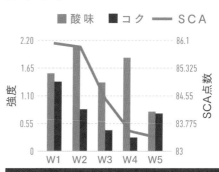

凡例：■ 酸味　■ コク　— SCA

コーヒー伝播の歴史が古いカリブ海の島々

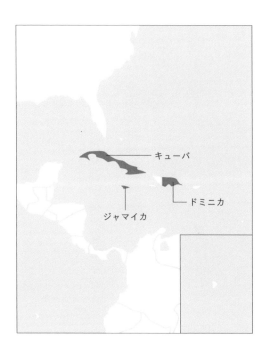

　私がこの仕事を始めた1990年には、世界のコーヒー生産地域の分類として、中米、南米、アジア、アフリカそしてカリブ海諸島というくくりがありました。カリブ海の島々である、ジャマイカ、キューバ、ハイチ、ドミニカ、プエルトリコなどはティピカ品種系のコーヒー生産地としての存在感をもっていました。その風味を体験できる機会は少なかったのですが、コーヒーが伝播してからの歴史は古く、コーヒー栽培においては重要な生産地です。

アラビカ種とティピカ種の伝播

　エチオピア原産のアラビカ種は、対岸のアラビア半島にあったイエメンのモカ港（現在は荒廃）から積み出され伝播していきました。

　1658年には東インド会社がセイロンで栽培を試み、その後1699年には本格化しますが、1869年に発生したさび病でコーヒーは壊滅し、紅茶の栽培地に変わりました。東インド会社は、1699年にインドのマラバールからジャワ（Java）にもコーヒーを持ち込み、そ

の後定着します。しかし、1880年以降のさび病で打撃を受け、カネフォーラ種が導入されます。これが現在WIB（West Indische Bereiding）とよばれるジャワロブスタです。ジャワ島のアラビカ種は、1706年にアムステルダムの植物園に送られ、ここで生育した苗が1714年にフランスのルイ14世に送られ、パリの植物園（Jardin des Plantes）で栽培されていました。この苗が1723年にカリブ海に位置するフラ

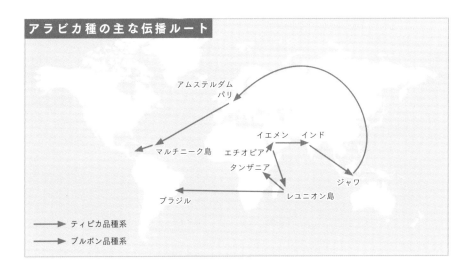

アラビカ種の主な伝播ルート

アムステルダム
パリ

マルチニーク島
エチオピア
タンザニア

イエメン　インド

ジャワ

ブラジル
レユニオン島

→ ティピカ品種系
→ ブルボン品種系

ンス領のマルチニーク島（Martinique）に運ばれています。

　この航海でフランスの海軍将校のガブリエル・ド・クリュー*（Gabriel de Clieu）が、乏しい飲料水を苗木に与えたという逸話が残っています。この話はその後宣教師などによって各産地に*伝播しています。

　カリブ海の島々から伝播したコーヒーがティピカ品種と呼ばれるものです。各生産国にこの品種の子孫が残っている場合もありますが、生産量の少なさ、さび病に弱いなどの理由により、その後、さまざまな品種に植え替えられていくことになります。現在これらの島々は、ハリケーンによる被害などによる生産性の低下が目立ちます。2000年以降には、ジャマイカ産以外は日本での流通は目立たなくなりました。

*ウイリアム・H・ユーカス /All About Coffee/ TBS ブリタニカ

*友田五郎 / 珈琲学 / 光琳 /1989

*1725年にハイチ、1730年にジャマイカ、1748年にドミニカ、キューバ。その後1755年にマルチニーク島からプエルトリコに伝播しています。そしてこれらの島々から、グァテマラ、コスタリカ、ヴェネズエラ、そしてコロンビアに伝播しています。

　ジャマイカの生産量はもともと少なく、2019-20Crop（収穫年）は23千袋しかありませんでした。しかし、ブルーマウンテンで有名ですので、日本では多く流通してきました。ドミニカの生産量は、1990-91Cropの880千袋から2019-20Cropの402千袋に半減、キューバの生産量は1990-91Cropの414千袋から2019-20Cropは130千袋に大幅に減少しています。

　これらカリブ海諸島産のティピカ品種の風味は、豆質が柔らかく、柔和で優しい酸味、コクは弱めでやや甘味が残る印象でした。しかし、最近の各島々のコーヒー風味は変化しているように感じます。

chapter1

ジャマイカ

Jamaica

生産量(2021-22)
23千袋(60kg/袋)

DATA

標　高	-------	800〜1200m
栽　培	-------	11〜3月
品　種	-------	ティピカ品種、ブルボン品種
精　製	-------	ウォッシュド
乾　燥	-------	天日、機械

概　要

　現在、カリブ海の島々でティピカ品種の主要産地としてはジャマイカしか残っていません。他の島々での近況は詳しくわかりません。

　ジャマイカ産は、ゲイシャ品種流通以前の高値の豆の代表格ですが、繊維質がやわらかく、生豆の経時変化が速い傾向があります。ブルーマウンテンを生産する標高1000m前後ブルーマウンテン地区では、小農家がチェリーをメイビスバンク（Mavis Bank）、ウォーレンフォード（Wallenford）などの精製工場に持ち込んでいました。したがって、精製工場の名前で流通していましたが、現在は農園名のものも流通しています。

　現在は、世界的に果実の風味のある豆がより求められるようになり、穏やかなブルーマウンテンの風味と高級品というイメージのみでは高価格を維持できなくなり、昔からブルーマウンテンを多く輸入していた日本の輸入量は低下傾向にあります。また、等級内訳もNo.1（樽に詰めて出荷）の輸入量は減り、下位グレードのセレクトというサイズが混在し麻袋で梱包された豆の比率が増しています。

　従来の日本主体の流通に変化が生じつつあります。日本の輸入量は2019年が4130袋（60kg/1袋）、2021年が3348袋と減少傾向にあります。

等　級

　ブルーマウンテンは、ブルーマウンテン地区で栽培されたものをいい、ブルーマウンテン No.1（Blue Mountain No.1）は、スクリーンサイズ17/18が最低96％以上の豆をいいます。サイズが小さくなるにつれ No.2や No.3、PB（ピーベリー）などに格付けされます。またブルーマウンテン地区以外で栽培された豆は、ハイマウンテン（High Mountain）といった名前になり、価格は安くなります。

ブルーマウンテンの基本風味

　これまでのブルーマウンテンは、多くの小農家の豆が混ぜられていました。比較的風味が平均化され、穏やかな酸味でシルキーな風味特性が見られました。その後、2010年頃からは標高の高い農園単位の豆も流通するようになり、やや酸味のある風味に変化してきていると感じます。コクは弱めで、深い焙煎には向きません。

官 能 評 価

　本来はシルキーで甘い余韻のある豆ですが、豆質が柔らかく鮮度劣化（枯れた草の味）が早い豆です。きれいなブルーグリーンの生豆は見かけなくなりました。現在は、果実感のある豆を高評価する傾向が強くありますので、軟質でマイルドなブルーマウンテンは高評価されにくいのが実情です。それでも、伝統的な付加価値を重要視するコーヒー関係者も多く見られます。

ブ ル ー マ ウ ン テ ン 生 産

完熟したチェリーを摘み、水につけて浮いた夾雑物などを除き、果肉除去します

発酵槽でミューシレージを除き、天日乾燥し、選別後 No.1、No.2、No.3、PB を樽に詰めます

chapter2

キューバ
Cuba

生産量(2021-22)
100千袋(60kg/袋)

DATA

品　種────── ティピカ品種、カトゥーラ品種

精　製────── ウォッシュド

乾　燥────── 天日

輸出等級───── ELT（S18）、TL（S17）、AL（S16）

概　要

　キューバ産のコーヒーの歴史は1748年にハイチから種子が持ち込まれて始まります。その後、コーヒー農園が島全体に広がり、代表的な農作物の一つとして発展しました。私が開業した1990年以降7〜8年の間、キューバ産の高級品として知られていた「クリスタルマウンテン」（キューバの輸出規格に基づくティピカ品種でS18〜19の豆）を購入し使用したことがあります。ジャマイカ産のブルーマウンテンよりは価格が安かったのですが、それでも他の産地に比べれば価格が高く、15kgの樽に入っていました。

　柔らかな豆質で、やさしい酸味があり、コクは弱めでした。ジャマイカ産と同じように生豆の経時変化（鮮度劣化）が早く、状態が落ちると枯れた草の風味に支配されます。2000年代以前を代表するマイルドタイプの風味と

いえました。

　2000年代に入るとティピカ品種以外の品種の栽培が増加し、キューバ産の品質のばらつきが目立つようになります。他の生産国の優れたコーヒーも調達できるような時代になり、徐々にキューバの存在感は薄れ、使用を断念しました。

　ティピカ品種は、栽培面積あたりの生産量が少なく、さび病に弱いですが、この品種を大切にするか、他品種であっても優れたウォッシュドの精製のコーヒーを作るなどの対策を講じない限りキューバ産の国際的な競争力は低下を免れません。昔のようにサイズが均一で、きれいなグリーンの生豆を見たいものです。

chapter3

ドミニカ
Dominica

生産量（2021-22）
402千袋（60kg/袋）

DATA

生産地 ……… シバオ、バラオナ

品　種 ……… カトゥーラ品種、ティピカ品種、カトゥアイ品種

精　製 ……… ウォッシュド

乾　燥 ……… 天日

概　要

　過去20年間、生産量は350〜400千袋前後で推移しています。ハリケーンの直撃を受けることが多い島です。国内消費が多く、輸出量は少ないため、日本での流通も少量です。

　ティピカ品種の生産地であるバラオナ（Barahona）地区のコーヒーで有名でしたが、現在は収穫が極めて少なくなり、品質の良いものを見つけることは難しい状態です。現在の主要生産地は、矮小品種であるカトゥーラ品種が多く植えられているシバオ（Cibao）地区などになります。他のカリブ海の島々と同じように3ha未満の小農家が多くみられます。

　2009年以降数年間、素晴らしい風味のカトゥーラ品種を数年使用しましたが、その後輸入上の問題などがあり購入を断念した経緯があります。

　華やかできれいな酸味、そこそこのコク、やさしく甘いアフターテーストは優れたブルボン品種のようでした。

カトゥーラ品種

chapter4

ハワイ（ハワイコナ）
Hawaii

DATA

品 種	-------	ティピカ品種、カトゥーラ品種
精 製	-------	ウォッシュド
乾 燥	-------	天日、機械
輸出等級	-----	エクストラファンシー、ファンシー、ピーベリー

ハワイについては、ティピカ系の品種の生産地ですので
「カリブ海諸島」のくくりとしました。

生産量（2021-22）
100千袋（60kg/袋）

概 要

　コナ地区はハワイ島の西部一帯で、コーヒーベルトの中では緯度が高い位置にあり、農園の標高は600m前後です。中米の1200m程度の気候に近くなります。コナ地区は、午後に曇ることが多く、シェードツリーは必要としません。平地は雨が少なく、山には雨が降り、コーヒー栽培に適しています。反面、湿度も高く、チェリーにカビが生えやすい環境でもあり、ハワイ農務省の品質管理は生産国の中で最も厳しく、品質は安定していました。

　輸出規格は、エクストラファンシー（EF）、ファンシー（F）、No.1の順で、ピーベリーも珍重されています。スクリーンサイズ19の大粒も多く、生豆の外観は見事なブルーグリーンです。1990年代から2000年代のエクストラファンシー（Extra Fancy）は、大粒のブルーグリーンの豆が多く、ほれぼれするくらいきれいでした。

　しかし、2014年にはベリーボーラー（P205参照）被害、2018年には火山の噴火、その後のさび病により生産量が激減し2022年現在日本入荷は極端に減少しています。ハワイコナの伝統的なティピカ品種の風味を体験することは難しくなりつつあります。

ハワイの農園

官能評価

ハワイコナの農園から直接空輸して購入していた時期の豆のデータを参考のために載せました。ティピカ品種の見本になるような豆でした。

ハワイコナ（2003-04Crop）

地区	等級	官能評価
エクストラファンシー	EF	見事なブルーグリーンの生豆、しっかりした酸味
ファンシー	F	明るい酸になめらかなコク、基本のティピカ種の風味
ピーベリー	PB	酸味、甘味があり、なめらかな舌触り

また、2021-22Crop で品質がよいと思われるハワイコナの EF を3種空輸し、官能評価し、味覚センサーにかけました。比較のためにパナマのゲイシャ品種を入れました。

パナマ産ゲイシャ品種は、酸味が強くコクもあり、SCA 方式の点数は87点と高得点でしたが、ハワイの点数は1が80.5、2が81.75、3が81.50点と全盛期の評価よりは低くなっています。3種とも甘味がありマイルドですが、酸味が弱く、風味の輪郭が弱く感じました。官能評価と味覚センサーの間には r ＝0.9499の高い相関が見られました。

ハワイの樹齢100年の古木

ハワイコナのティピカ品種（2021-22Crop）

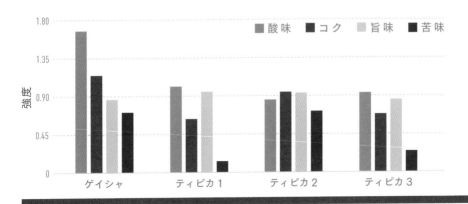

5 生産国からコーヒーを知る
アジア圏

生産量、消費量ともに
増加傾向にあるアジア圏

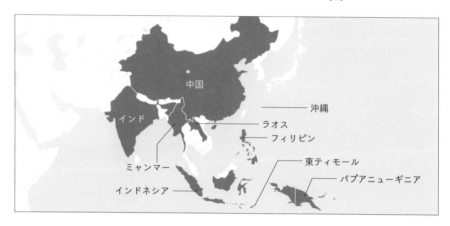

　アジア（オセアニア）のコーヒー生産量および消費量は増加傾向にあります。ベトナムは世界第2位の生産国で、インドネシアは第4位の生産国です。この2つの生産国以外にもアジア圏には多くの生産国があります。

　これら多くの国々はさび病で大きな被害を受け、カネフォーラ種に植え替えられています。また、アラビカ種がカチモール系品種に植え替えられる事例も多くみられました。そのため、高品質品として評価されてこなかったという経緯があります。

　しかし、経済発展に伴い、コーヒーショップも増え、各国の国内消費は上昇傾向にあり、よい品質を志向する生産者も生まれつつあります。ただし、

タイ、ミャンマー、ラオスなど多くの生産国は輸出港までのインフラなどに難点もあり、品質維持の対策も必要に感じます。これらの国のコーヒーに接する機会は少ないですが、今後5～10年の間で大きな発展の可能性があります。

　アジア圏の大まかな消費量（2020-21）は、日本が最も多く7386千袋、韓国は2900千袋（データはなく推定）です。中国は近い将来日本の消費量を超えると予測されます。インドネシアが5000千袋、フィリピンが3312千袋、ベトナムが2700千袋、インドが1485千袋です。中国はすでに3000千袋と推定されます。ただし、アジア圏では、まだSPの使用量は極めて少ないと推測します。

chapter1

インドネシア

Indonesia

生産量(2021-22)
11,554千袋(60kg/袋)

DATA

産　　地	スマトラ、スラウェシ、バリ、ジャワ
品　　種	アラビカ種、カネフォーラ種
農　　家	小農家が大部分
収　　穫	主には10月～6月だが1年中だらだらと収穫がある
精製・乾燥	他の生産国と異なり生豆を乾燥
輸出等級	G-1は欠点11点まで/300g中、G-2は12～25、G-3は26～44欠点

概　要

　インドネシアは世界第4位のコーヒー生産国ですが、かつてさび病で壊滅的な打撃を受け、多くの産地でカネフォーラ種（ロブスタ種）に植え替えられました。現在はアラビカ種10％、カネフォーラ種90％の生産比率で、スマトラ島やスラウェシ島、バリ島でアラビカ種が栽培されています。スマトラ島の生産量がインドネシアの70％程度を占めています。スマトラ島のアラビカ種はマンデリンと呼ばれます。先住民のマンダリン族もしくはその地名（Mandailing Natal）にちなんで輸出業者がマンデリンとつけたようです。

　スマトラ島の主な生産地区は北部のリントン地区とアチェ地区で、収穫のメインは10月から2月頃ですが、それ以外にも収穫されています。害虫であるベリーボーラーの被害も目立ち始め、在来種系の高品質の豆を探すのは難しくなりつつあります。

スマトラ島トバ湖

リントン地区の農家

等 級

　等級は300g中の欠点豆の数で決められ、G-1は最大11欠点、G-2は12〜25欠点、G-3は26〜44欠点などとなります。評価の高い豆は「○○マンデリン」など輸出会社や輸入会社のブランド名がつく事例が多くみられます。

生豆のハンドソーティング

風 味

　スマトラの風味は、他の生産国にはないスマトラ式と呼ばれる独特の精製法によるところが大きいと考えられます。その方法を現地で確認できたのは2000年代の中盤に入ってリントン地区の調査をしてからです。小農家はその日に収穫したチェリーを脱殻し、半日から1日乾燥させたウェットパーチメントコーヒー（内果皮つきで十分に乾燥しきっていない）をブローカーに売ります。ブローカーはパーチメントを脱殻し生豆を天日乾燥し、輸出会社に売るのが一般的です。これは早く換金するためもありますが、主には雨が多いこの地域において、生豆の状態で早く乾燥させるためにこの方法がとられ、それが独特の風味を生み出しています。

　このマンデリンの在来種系を栽培している特定の農家の豆を、特別な仕様（棚での乾燥、特別なハンドソーティングなど）で20年以上使用してきました。

マンデリンの基本風味

　マンデリンの品種の大部分は、カティモール品種系で、酸は弱く、やや重い味で苦味を感じます。対してさび病から生き残ったとされる在来種系スマトラティピカ（Sumatra Typica）は、酸が明確でなめらかな舌触りに特徴があります。優れた品質のマンデリンは、入港時はレモンやトロピカルフルーツの酸、青い草、芝、檜や杉の香りがあり、入港後半年以上経過するとややハーブ、スパイス、なめし皮など複雑な香味も現れます。

カティモール品種（アテン品種）

官能評価

　スマトラ・マンデリンのリントン地区とアチェ地区の豆を各2種、G-1（グレードワン）とG-4等級の計6種を調達し、pHと総脂質量を計りました。このサンプルの場合、リントン地区の豆はアチェ地区の豆より、pHが低く（酸が強い）、脂質量が多い傾向が見られ、より風味が明確です。またリントン及びアチェの豆は、G-1、G-4に比べ酸が強く脂質量が多いことがわかり、SPとして評価できます。中でもリントン1は、脂質量が多くマンデリンらしいなめらかさがあります。

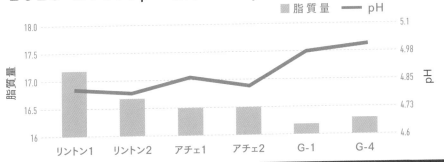

バリ島などその他の島

　バリ島でもアラビカ種が栽培されています。インドネシアでは珍しいウォッシュドの精製方法です。柔らかな酸味と控えめなコクがあり、穏やかなバランスのコーヒーです。

　その他、スラウェシ島、ジャワ島、フローレンス島でコーヒーが栽培されています。生産量の多いカネフォーラ種は、AP1（After Polish One/ ナチュラル）、WIB（West Indies Preparation/ ウォッシュド) などが有名です。

　まずは、世界中の多くのコーヒーとは異なる個性的な風味として、スマトラの在来種系のマンデリンの味を覚えてください。

バリ島のアラビカ種

パプアニューギニア
Papua New Guinea

生産量(2021-22)
708千袋(60kg/袋)

DATA

標　高 ------- 1200〜1600m

栽　培 ------- 5〜9月

品　種 ------- ティピカ品種、アルーシャ品種、カティモール品種

精　製 ------- ウォッシュド

乾　燥 ------- 天日

概　要

　パプアニューギニア（PNG）のティピカ品種は、ジャマイカから移植されたといわれます。小農家がほとんどで、管理不良やインフラ不足などによって品質の安定性がなく、ある程度の規模の農園産の豆の方が品質のよい時代が続きました。1990年代のマウントハーゲン(Mount Hagen)地区の農園の豆は、ブルーグリーンの素晴らしい豆でしたが、2010年以降は需要の拡大に伴って近隣の小農家からチェリーを購入するようになり、品質のブレが見られるようになりました。

　2010年以降は、ゴロカ（Goroka）地区のコーヒーも輸入されていますが、収穫年によって品質のブレを感じます。

　ただし、ティピカ品種の多く残る貴重な生産国といえます。

ティピカ品種

小農家の乾燥

官能評価　PNG は、2002年に初めて訪問した生産国で、個人的には思い入れがあります。この当時の「シグリ農園」の豆は、ほれぼれするくらいきれいで、かすかに青草の香りがあり、ティピカ品種の見本のような豆でした。当時の豆の評価を載せました。

パプアニューギニア（2003-04Crop）

サンプル	評価	SCAA
マウントハーゲンの農園	きれいなグリーンビーンズ、きれいさの中に青草の香り、さわやかな酸味、ティピカ種の見本になりうる品質。	84.75
ゴロカの農園	きれいな生豆、さわやかでティピカらしい風味。	83.50
小農家	青草の香り、微発酵、農園産に比べると欠点豆が多い。	78.00

パプアニューギニア（2021-22Crop）

サンプル	水分値	pH	Brix	SCA	テイスティング
A 農園	10.4	4.92	1.5	81.0	さわやかな酸、やや味重く、乳酸、青草
B 農園	11.5	4.95	1.7	81.5	明るい酸、やや渋味
C 農園	12.3	4.94	1.6	81.5	オレンジ、クリーム、ヨーグルト、やや異質

2022年市場で流通している鮮度状態のよい3種の生豆をサンプリングし、私がテイスティングしました。

PNG の基本風味

　基本的な風味は、酸味とコクのバランスのよさに、かすかに青い草（よい風味として使用）を感じるティピカ品種の典型的な風味です。この風味は、ジャマイカ産やコロンビア北部のマグダレーナ（Magdalena）県産などのティピカ品種に通じます。

生豆のハンドソーティング

chapter3

東ティモール
Timor-Leste

DATA

標　高	800〜1600m
栽　培	5〜10月
品　種	ティピカ品種、ブルボン品種、カネフォーラ種
精　製	ウォッシュド
乾　燥	天日

生産量(2021-22)
100千袋(60kg/袋)

概　要

　東ティモールとは、2003年の独立時からピースウインズジャパン（PWJ：日本のNGO）と共にコーヒー生産支援を通じてかかわってきました。2003年のフィールド調査では、標高1200〜1600m以上の尾根沿いの産地にはティピカ品種系とブルボン品種系、標高の低い地域にはカネフォーラ種が植わっているのを確認しました。多くの地区にはシェードツリー（日陰樹）が植えられていましたので、小農家が施肥をし、丁寧に作れば、素晴らしいコーヒーができる余地はあると考えました。

　PWJと産地開発をしつつ、10年以上高品質のコーヒー作りを目指してきました。現在日本のNGOでは、PWJ以外にPARC（アジア太平洋資料センター）が東ティモールのコーヒー支援に携わっています。

レテホホ村

開花

マウベシ（Maubesse）、エルメラ（Ermera）などの生産地区の大部分は、尾根沿いの集落であり、チェリーの集荷が困難な場所も多いという問題がありました。ウォッシング・ステーションがないため、各生産者に各自でチェリーを脱穀してもらい（木製のパルパーを生産者に貸しました）、パーチメントのぬめりをとり天日乾燥までしてもらうことにしました。そのため、生産者ごとの品質を安定させることに注力しました。

中米などの生産国に比べれば、施肥の不足、地区による土壌のばらつきなどがみられ、生産農家によっては収穫年による品質差もみられました。また、積出港までの保管や輸送、ドライミルの精度など解決すべき課題は多くあり、ワークショップを行ったりして、何年もかけ1つずつ解決していく必要がありました。

これらのことは、アジアの生産国であるラオス、ミャンマー、タイ、フィリピン、インドなどに共通する課題ともいえます。独立後、一部の東ティモールのコーヒーの品質は著しく向上しました。コーヒー産業は国の成長に大きく寄与していると感じます。

東ティモールの基本風味

東ティモールのよいコーヒーは、全体的に穏やかな風味で、軽やかな柑橘果実の酸味の中に甘味を感じます。コクはやや軽めです。かすかに青い草の香りのある豆もみられ、ジャマイカ、PNGなどと同系列の風味といえます。

ワークショップ：植えつけ（左）、カットバック*（中）、剪定（右）

ワークショップ：カッピング（左）、集落ごとの品質解説（中）と農家の表彰（右）

＊カットバックは、木の収穫量が落ちてきた際に、地面から30〜40cmのところの幹を切って新しい幹の成長を促す方法で、植え替えるより早い収穫が期待できます。

官能評価

　東ティモールの集落ごとのティピカ品種をサンプリングし、私が官能評価し、味覚センサーにかけました。集落ごとにロット管理された豆です。ティピカ品種1のみがSP規格にならず他と風味差が生じています。ティピカ品種2〜4は、ほぼ同じ風味パターンです。官能評価と味覚センサーの数値の間にはr＝0.7063の相関が見られ、官能評価は妥当と考えられます。

　東ティモールは2003年から、コーヒーの栽培や精製について試行錯誤し、学習した思い出の産地です。とびぬけて素晴らしものは少ないですが、SPの基準をクリアする豆もあり、ティピカ品種系の風味を体験できます。

実験圃場

ティピカ品種（左）
ブルボン品種（右）

東ティモールのティピカ品種（2019-20Crop）味覚センサーと官能評価

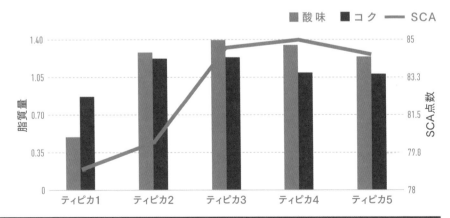

c h a p t e r 4

中国
China

概　要

中国は、コーヒーの生産国であり、輸出国でもあり、輸入国でもあります。生産地域は雲南省が95％以上を占め、品種は、主にカティモール品種、少量のティピカ品種で、ここ数年の生産量は雲南省だけで200万袋前後といわれます。今後国内市場で需要の拡大が見込まれ、世界有数の消費国に発展する可能性があります。

グラフは、過去5年間の生産量と2020-21Cropの消費量予測を表したも

のです。このままいくと日本の消費量を10年以内に超えるとも考えられます。

中国のコーヒー生産量
と消費量予測

雲南のティピカ品種（2019-20Crop）

精製	水分	pH	官能評価	SCA
ウォッシュド	11.0	5.2	やわらかくかすかな酸味、コクはやや弱め	80
ナチュラル	9.6	5.2	出来のよい乾燥、なめらかなコク、香りがよい	81
パルプドナチュラル	9.9	5.2	なめらかなコクに甘味もある	82

表は、雲南のティピカ品種を現地農園から調達し、SCA方式で私が官能評価したものです。さまざまな精製方法にチャレンジしている農園で、中国の

大部分を占めるカティモール品種に見られるような濁り感が少なく、比較的クリーンで飲みやすいコーヒーです。

その他の生産国

Other Countries

ミャンマー

ラオス

インド

写真は、アラビカ種カティモール品種（P210
参照）です。耐病性のある量産種ですが、ナ
チュラルの精製で丁寧な乾燥のコーヒーがみ
られるようになりました。

インドのコーヒー

コーヒーは17世紀後半にインドに
導入されています。長い歴史をもった
生産国ですがさび病の蔓延で多くの農
園がカネフォーラ種に植え替え、現在
もアラビカ種が30％程度でカネ
フォーラ種が70％程度を占めていま
す。

主要生産地はインド南部のカルナタ
カ州で、総コーヒー生産量の70％程
度を占めています。インドは、ブラジ
ル、ベトナム、インドネシア、コロン

ビア、エチオピア、ホンジュラス、ウ
ガンダに次ぐ生産量があり、70％程
度を輸出しています（2019-20Crop）。
日本にはカネフォーラ種が業務用とし
て多く輸入されていますので、市場で
見る機会が少ないのでしょう。

一方、経済成長に伴い都市部にカ
フェチェーンが出現するようになり、
コーヒーの国内市場が拡大していま
す。中国同様、コーヒーの消費拡大が
予測されます。

ミャンマーのコーヒー

最近は、コーヒーの消費意欲も増しつつあるようで、旅行者などからお土産でよくコーヒー豆をいただきます。

ミャンマーの生産量は、IOCデータはなくFAO（Food and Agriculture Organization）生産データで見ると141千袋（1袋60kg）程度で、アラビカ種とロブスタ種の両方が栽培されています。生産量は多くありませんので日本での流通量が少ないのはやむを得ないでしょう。

フィリピンのコーヒー

1889年前後にさび病がフィリピンに蔓延し、主要産地のバタンガス州のコーヒー農園は転作を余儀なくされ、生産量は激減しています。その後、コーヒー生産国としての認知度は低下していきました。

1990-91年には974千袋の生産量がありましたが、2000-01は341千袋に減少し、その後は350千袋前後で推移しています。

一方、消費量は、2017-18の3.180千袋から2020-21の3.312千袋と微増しています。アジア圏では日本及びインドネシアに次ぐ消費量です。さび病による壊滅的な被害以前は、アジアにおける主要生産国の1つでしたので、潜在的な生産性はあると考えます。

ラオスのコーヒー

1915年頃にフランス人がラオスの南部のボーラウェン高原（Bolaven Plateau/標高1000m～1300m）にコーヒーの苗木を持ち込んで栽培が始まっています。その後、さび病で壊滅的な打撃を受け、カネフォーラ種を植えますが、さらに戦禍（インドシナ戦争）が重なり、農地は荒廃しました。1990年代の後半になってやっとICOの生産データが出始めています。現在の生産量はタイを上回り、日本の輸入量は62千袋で、エルサルバドル、コスタリカなどより多くなっています。正確なデータはありませんが、カネフォーラ種が多く、アラビカ種が25～30%前後で主にカティモール品種です。ごく一部ですが、ナチュラルの精製以外にウォッシュドも行われています。日本市場でラオス産の豆を目にする機会が少ないのは飲料メーカーや大手ロースターなどの使用が多いからと推測されます。

その他、タイ、ネパールでもコーヒーの栽培がされています。

chapter6
沖縄県でのコーヒー栽培

概 要

　2015年にフィールド調査をし、その後の経過を観察しています。沖縄本島では商業的な栽培を目指している方もいますが、当時は主には小農家の方（20名程度）が楽しみのため栽培していました。古くはブラジルやハワイで移民としてコーヒー栽培に従事した人が帰国し、沖縄で栽培を始めたようです。約100年のコーヒー栽培の歴史があります。

　調査したのは台風の被害で収穫量が激減した年で、沖縄本島内の合算で年間20袋（1袋60kg）程度と推測しました。正確なデータはありません。

　その後、新たに沖縄でコーヒーを作ろうという動きもあります。名護市で、2019年4月から開始された「沖縄コーヒープロジェクト」や、不登校、ひきこもりの人たちの伴走支援をしているNPO法人などが、コーヒーの苗の植え付け管理、コーヒーの果実の収穫をさまざまな農園で実施しています。

沖縄北部の農家（左）と南部の農家（中）、ハウス栽培（右）

赤土（左）、ムンドノーボ品種（中）、防風林（右）

問 題 点

　本土から沖縄に移住し農園を始める人もいますが、台風の被害が多く、北風が吹き、夏暑く冬寒い気候など栽培条件は厳しく、多くの収穫は見込めません。また収穫期は1月頃で沖縄では雨季にあたり乾燥も大変です。チェリー、パーチメントの脱穀などの専用の器具もないので手作業に負うところが多くなり、また乾燥場も確保しにくいのが実情で、コーヒー生産で生計を維持することは困難です。

　継続的に栽培するには防風林があり、潮風に当たらないような栽培適地の選定が重要となり、かつハウス栽培も検討する必要があるというのが私の見解です。また、観光農園としての運営なども必要になると考えます。

　従来から植えられている品種は、ムンドノーボ品種（完熟して赤と黄色になるものがある）です。風味は、酸味は弱く、ブラジルに似ています。

沖縄のムンドノーボ品種の赤（左）と黄色（右）

生豆　ムンドノーボ品種

生豆　ムンドノーボ品種

chapter1

コーヒーの品種

コーヒーの木は、熱帯に自生もしくは栽培されているアカネ科の常緑木本です。植物学的には、アカネ科（Family）のコフィア属（Genus）のコフィアアラビカ種（Species）に分類されます。このコフィアアラビカ（*Coffea Arabica*）が一般的なアラビカ種を意味し、他に栽培されている主な種としてカネフォーラ種（*Coffia Canephoa*）、リベリカ種（*Cofea Liberica*）があります。

アラビカ種

また、このアラビカ種 (Species) は、亜種（Subspecies）、変種 (Variety)、栽培品種（Cultivar）などに区分されます。

種の下の亜種 (Subspecies) は、その生育地が同種の仲間と地理的に隔離されていて、通常は他の地域の同種の仲間との交雑は起こらないとされ、地理的特徴ある形態を示すことが多いといわれます。

変種 (Variety) は、種の集団の中で自然に起きた形態、色など他の品種とは異なる外観の変異を示し、他の品種と自由に交雑し、その特徴は遺伝します。

また、栽培品種（Cultivar）という変種に相当するものがあり、これは人為的に選択、改変された品種となります。

しかし、これら品種の分類は非常に厄介です。亜種と変種と栽培品種の厳密な区分は難しく、本書では、種をアラビカ種、カネフォーラ種、リベリカ種の3つとし、その下に位置する亜種、変種、栽培品種についてはすべて包括的に品種としてみます。本文中の表記はアラビカ種、ティピカ品種、ブルボン品種などと表記します。

これら品種については遺伝子解析の進展に伴って系統的な観点から新しい

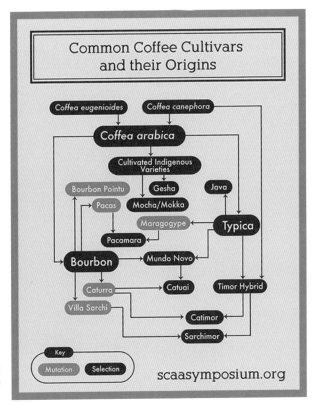

Coffee Plants of the World
— Specialty Coffee
Association (sca.coffee)

体系が作られていくと考えられます。

　現在、商業的に栽培されている品種は、おおまかにはイエメンから世界中に伝播したティピカ品種とブルボン品種の2系統になり、そこから交雑が繰り返されて現在のさまざまな品種が構成されているといえます。

　上の図はSCAが作成したもので品種の系統を示しています。

　上の図は、最も一般的なコーヒーの品種間の関係を表しています。植物グループを結ぶ線と矢印は、親子関係を示します。薄い色は、自発的な遺伝的変化に起因（突然変異）する品種です。*Coffea Arabica* は、*Coffea Eugenioides* と *Coffea Canephora* の子孫です。*Coffea Eugenioides* は、コンゴ民主共和国、ルワンダ、ウガンダ、ケニア、タンザニア西部など東アフリカの高地に自生し、*Coffea Arabica* の親として知られています。またアラビカ種よりカフェイン含有量が少ないといわれています。

アラビカ種と
カネフォーラ種

(*Coffea Arabica* と *Coffea Canephora*)

ア ラビカ種は、樹高5～6m、葉は10～15㎝で濃緑色、標高800～2000mの高地栽培に向きます。一般的には、種子の発芽まで6週間、開花、収穫までに3年ですが、十分な収穫には3～5年程度かかります。品種により木の寿命は異なりますが、概ね20年前後です。

　本書ではアラビカ種を中心に解説しています。

アラビカ種ティピカ品種

　Coffea Canephora（以下カネフォーラ種）の種の一つとして ロブスタ品種（Robusta）や コ ニ ロ ン 品種（Conilon：ブラジルで生産されている）があります。現状ではカネフォーラにかわり、ロブスタが種名として生産、取引、流通、消費面で広く使われ、世界中に定着しています。本書では一部ロブスタ種として表記する場合もありますが、できるだけカネフォーラ種として表記しています。

　カネフォーラ種はアラビカ種より樹高は高く、葉が厚く大きいのが特徴です。生育が早く、初年度からチェリーがつき、3～4年で商業的な収穫量に達

します。さび病に強く、粗放管理に耐え、収穫量も多い品種ですが、風味の点でアラビカ種より劣ります。800m以下の標高で栽培が可能です。単価は安く、アラビカ種の増量用として、また缶コーヒーなどの工業用製品、インスタントコーヒーなどに使用されます。

　Coffea Liberica（以下リベリカ種）は、アフリカ西部リベリア原産の強健な種です。樹高は10mになり、葉、花、チェリーも大きく、低地栽培用品種で耐病性があります。生命力があり、アラビカ種の接ぎ木苗の台木としても利用します。

アラビカ種とカネフォーラ種の違い

項目	*Coffea Arabica* （アラビカ種）	*Coffea Canephora* （カネフォーラ種）
気象条件	雨季と乾季による適度の湿潤と乾燥	高温、多湿下でも生育
稔性*	自家稔性	自家不稔性
生産比率	60％前後	40％前後
生産国	ブラジル、コロンビア、中米諸国、エチオピア、ケニア他	ベトナム、インドネシア、ブラジル、ウガンダ他
pH	5.0前後、強いものは4.7程度（中煎り）	5.4程度で酸は弱い（中煎り）
カフェイン	1.0％	2.0％
風味	よいものは酸が華やかでコクがある	酸がなく、苦く泥臭い
価格	安価なものから高額のものまでさまざま	多くはアラビカ種より安い

アラビカ種ティピカ品種

カネフォーラ種

*同一個体の花粉（自家受粉）によっても種子を結ぶ性質を自家稔性といいます。そのため、1本の苗木から子孫を増やすことができます。一方、カネフォーラ種は、他家受粉を通則としますので、基本的にはアラビカ種とは交雑できません。

アラビカ種の
品種のいろいろ

ア　ラビカ種の中で商業的に栽培さ
れ、流通している品種は多くあ
ります。本書では、これらの品種を、
以下のように伝統在来種、在来種、選
抜・改良種、突然変異種、自然交雑種、
交雑種という区分にしてみました。

交雑種（ハイブリッド）は、異なる
種類の品種の交雑（他家受粉による）
により生まれた植物です。アラビカ種
は他家受粉しますので、人の手を介さ
ず自然に生まれた品種は自然交雑種と
します。

アラビカ種のいろいろ

系統	品種	内容	主な生産国
伝統在来種	エチオピア系	古くから栽培されている野生種などの品種	エチオピア
在来種	イエメン系	ウダイニ、トゥファヒ、ダイワリなどの伝統品種	イエメン
	ティピカ	イエメンからジャワ、カリブ海の島経由で伝播	ジャマイカ
	ブルボン	イエメンからレ・ユニオン島経由で伝播	タンザニア
	ゲイシャ	エチオピア由来の品種、パナマで栽培された	パナマ
選抜・改良種	SL	ケニアの研究所でブルボン種から選抜された	ケニア
突然変異種	モカ	ブルボン品種の突然変異種で粒が小さい	マウイ島
	マラゴジペ	ブラジルで発見されたティピカ品種の突然変異	ニカラグア
自然交雑種	ムンドノーボ	ティピカ品種とブルボン品種の交雑種	ブラジル
交雑種	パカマラ	パカス品種とマラゴジペ品種の交雑種	エルサルバドル
	カトゥアイ	ムンドノーボ品種とカトゥーラ品種の交雑種	ブラジル

＊一般的に、交配は2個体間の受精を通じて次世代を作ることで、交配のうち遺伝子型が異なるもの同士
をかけあわせたものを本書では交雑という言葉で表します。コーヒーは、遺伝子工学技術によって遺伝
物質を変化させる方法はとられていません。

chapter4

エチオピアの野生種「Heirloom」

　エチオピアには3500以上の野生種があると推定されていますが遺伝的な同定はほとんどされていません。そのうち商業用の栽培種の特定は難しく、現地で木を見ると形状の違うものが多く見られます。例えば、種子はハラーなどのロングベリー（粒が長形）を除くと全体的には小粒です。

　コーヒーは、大部分がガーデンコーヒー（Garden Coffee）といわれる小規模農家（平均0.5ha）で栽培され、農家当たりの生産量は年間300kg程度と推測されます。国営のプランテーション（Plantation）もありますが生産量は多くはありません。その他、フォレストコーヒー（Forest Coffee）、セミフォレストコーヒー（Semi-Forest Coffee）は自生したコーヒーチェリーを摘む方式ですが、森の中で乾燥する場所の確保が難しい面もあります。

　エチオピアの品種は、地元の栽培環境に適合し、かつ長年にわたって栽培されてきたものが多く、ローカル・ランドレイス（Local Landrace：土着品種）とかエアルーム（Heirloom：遺産）

と呼ばれることがあります。ジマ（Jimma）の JARC（Jimma Agricultural Research Center）では、フォレストコーヒーの研究、耐病性の向上や収穫量の増加などの特性のために品種の開発および研究をしています。

　エチオピアで最高峰コーヒーの宝庫である Gedeo（Yirgacheffe）、Sidama、Guji のゾーンには、Wolisho、Kudume、Dega の3つのローカル品種があり、JARC が配布した74110等の CBD 耐

エチオピアで栽培されている木の形状はさまざま

性選抜種もあります。しかし、流通しているコーヒーでは品種の混在は当たり前のことですので、ローカルの細かな品種特性はわかりません。

エチオピアの各地域の在来種は、多くの場合、国内の特定の地域で栽培されてきた歴史があり、それぞれ異なる収量、風味特性をもっています。

エチオピアの地域は、Region（地域）の中に Zone（行政上70前後：第2レベルの区画）という区分があります。その下に Woreda（第3レベルの区画）があり、最近のエチオピアの SP の一例をとれば、Oromia（Region）の Guji（Zone） の Hambela（Woreda）と細かく区画限定されたコーヒーも流通し始めています。

土着品種

SP のウォッシュド G-1（欠点豆の混入が少ない）の風味は、ブルーベリーやレモンティを彷彿させ、ナチュラルの G-1 は甘いオレンジやピーチの果実感があり、発酵臭のないものはきれいなブルゴーニュワインのような風味さえあります。

エチオピアの小農家

品種の混在があっても地区特有の明確な風味を体験できます。ここ数年でエチオピアコーヒーの風味は劇的に変わっていますので、試してください。

収穫

chapter 5

イエメンの品種

イエメン在来種

エチオピアにはコーヒーを飲む文化がありますが、イエメンにはなく、イエメン人は覚醒作用のあるカートの葉をよく噛んでいます。そのカート（Khat）の代わりに、保存のきく乾燥したドライチェリーの殻をカルダモンや生姜などと一緒に煮だすキシル*（ブンは乾燥チェリーごと煮だす）も愛飲しています。乾燥した気候のイエメンではドライチェリーのまま保管されますので、輸出される生豆がいつ収穫されたものかわからないのが当たり前でした。多くの場合、発酵臭が強く品質がよいとはいえませんでしたが、日本ではモカマタリという名称で人気がありました。

ウォッシュドの精製で除去された果肉を乾燥させたものは「カスカラ」と呼ばれ中南米にあります。

2010年頃からごくわずかですが、生産地のトレーサビリティが明らかな高品質のニュークロップが流通するようになりました。主な産地は、Harazi、Bani Matari などで、山岳地帯の峡谷のワディと呼ばれる涸れ谷（川床で平地1500m）や、峡谷の斜面のテラス（棚畑1500〜2200m）で栽培されています。現在は政情不安定のため、イエメン産コーヒーの日本入港はあまりに微量です。

イエメンコーヒーは、モカ港（現在は廃港）からインド、ジャワ島に植えられて伝播したティピカ品種やレ・ユ

完熟したチェリー

イエメン在来種

ニオン島に運ばれて伝播したブルボン品種の起源です。優れたコーヒーには赤ワインと果実感、チョコレートのコクがあり極めて個性的な風味です。しかし、流通しているコーヒーの品種まで特定することは困難です。

ただし、USAID（United States Agency for International Development）が2005年に発表した調査報告によれば、イエメンのほとんどの品種は、ウダイニ（Udaini）、ダワイリ（Dawairi）、トゥファヒ（Tufahi）、ブラアイ（Bura'i）の4つといわれます。さらに多くの研究機関によるデータ構築によりアブスラ（Abu Sura）とアルハキミ（Al-Hakimi）が追加されイエメンには6つの主要な品種があるともいわれます。さらに、USAID の調査の後に、遺伝子分析方法による品種分類などの研究がされています。

イエメンのコーヒーは、乾燥した砂漠のような中で作られていますので、気温差に強く、旱魃に耐性があると推測されます。そこで、未知ともいえるイエメンのコーヒーの品種を研究し、悪条件に耐性のある遺伝特性を発見することは将来の持続可能なコーヒーの生産に有益と考えられています。

ウダイニ品種

ダワイリ品種

チェリーの選別

生豆の選別

官能評価

　グラフは、2022年8月に初めて行われたNYCA（National Yemen Coffee Auction）のオークション豆の中から6種（ナチュラル）を選び味覚センサーにかけたものです。

イエメン（2021-22Crop）

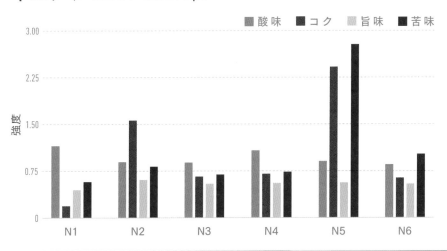

　オークションジャッジの点数は87.4から88.75と全体に高く、差がありませんが、味覚センサー値はバラついています。さまざまなローカル品種であること、ナチュラルの乾燥工程に差があることが理由ではないかと推測します。ジャッジの点数と味覚センサー値の相関は見られませんでした（r=0.2945）。サンプルは、非常に生豆が新鮮で、きれいなナチュラルです。反面、どれも同じような風味で、サンプル間に大きな風味の差異を感じられませんでした。しかし、このようなクリーンなイエメンを体験できる時代になったのだと感慨深いものがあります。

　流通は極端に少ないですが、従来のイエメンとは根本的に風味の異なる赤ワインやチョコレートのニュアンスを感じることのできる素晴らしい豆がありますので、生産履歴を確認して試してください。

chapter 6

ゲイシャ品種

ゲイシャ品種

　エチオピア（西部の町ゲシャ）で生まれたゲイシャ品種は、コスタリカのCATIE（The Tropical Agricultural Research and Higher Education Center：熱帯農業研究高等教育センター）で保存され、その後パナマの農園に植えられています。2004年のベストオブパナマでボケテ地区のエスメラルダ農園で栽培されたゲイシャ品種が1位になり、その果実感ある風味で一躍有名になりました。

　このとき私は、オークションが終了する夜中の3時すぎまでビットしていましたが、ゲイシャ品種は高騰しすぎて落札できませんでした。

　ゲイシャ品種は、主にパナマで栽培されていますが、非常に価格の高いコーヒーでもあり他の中南米諸国などでも植えられつつあります。

　ゲイシャ品種をGC/MS＊（ガスクロマトグラフィー質量分析機）で分析した結果、Ethyl Propionate（プロピオン酸エチル）、Ethyl Isovalerate（イソ吉草酸エチル）などのパイナップル、バナナ、甘いリンゴの香気成分が他の品種に比べ著しく多く見られました。また、香気成分の種類も他の品種より多く見られ、それらの成分が複雑な果実感を感じさせると考えられます。

＊ガスクロマトグラフィー質量分析法（GC/MS）は、分離した気体成分の質量情報から成分の定性及び定量分析を行う機械で、現在の香り研究の主流となっています。

パナマのゲイシャ品種

パナマのゲイシャ品種の葉

官能評価

2021年のベストオブパナマに出品された9農園のゲイシャ品種を味覚センサーにかけました。オークションジャッジの点数はすべてSCA方式で90点以上（92.00〜93.50点）でした。私のテイスティングでも、すべてフローラルで華やかな果実感がありました。しかし、味覚センサーの数値はバラツキが生じ、オークションジャッジの点数との間には、r=0.5722とやや弱い相関が見られました。

この9種のゲイシャ品種の華やかな酸味は、クエン酸以外の有機酸が関与していると推測されますが、現時点での分析では詳しくはわかりません。

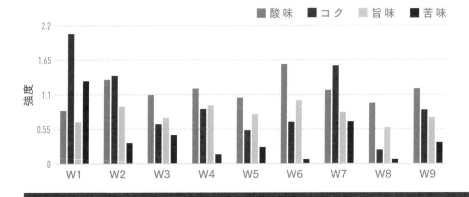

パナマ産のゲイシャ品種
ウォッシュド（2020-21Crop）

凡例: ■酸味 ■コク ▨旨味 ■苦味

パナマのゲイシャ品種とは別系統でCATIEからマラウィ（Malawi）に持ち込まれたゲイシャ品種があり、こちらはやや種子に丸味があり、Geisha 1956としてパナマのものとは区別されます。珍しいので一時期使用しましたが、どちらかというとブルボン品種に近い風味で、パナマのゲイシャ品種のような華やかさはありません。

ゲイシャ品種の基本風味

優れたゲイシャ品種は、柑橘果実の甘い酸味をベースにピーチやパイナップルなどさまざまな果実の風味を感じ取れます。特にウォッシュドの場合は繊細で上品です。

ティピカ品種

ティピカ品種

　イエメンから、スリランカ、インドに移植され、最終的にインドネシアのジャワに移植。ここから、1706年にアムステルダムの植物園に直接運ばれ、パリの植物園からマルチニーク島に伝播したといわれるティピカ品種は、1800年代後半に植民地開拓者によってカリブ海諸島やラテンアメリカ諸国に導入されました。

　そのため、ティピカ品種は他の多くの品種の遺伝的バックボーンを形成しています。多くの品種の起源となったこの品種を風味のスタンダードとして位置づけ、他の品種と比較することが可能と考えられるため、極めて重要な品種です。まず、ティピカ品種の風味を覚えることをおすすめします。

　しかし、ティピカ品種の主要生産地であったジャマイカ以外のカリブ海の島々の生産量は大幅に減少し、コロンビアも1970年代以降はカトゥーラ品種に植え替えられています。また、ハワイコナは、2012年からのベリーボーラー（Coffee Berry Borer）の被害、また2020年にはコーヒーさび病が広がったことで、生産量が激減しています。中南米などで細々と生産されてはいますが、現在の主要な生産国は、東ティモール、パプアニューギニア（PNG）、ジャマイカなどに限られます。繊維質が柔らかく、多くの生産地の豆は、入港から半年くらいまでが鮮度を保持できる期間で、その後は緩やかに風味が落ちてゆき、くすんだ枯草のニュアンスが生まれます。

ティピカ品種の基本風味

　この仕事を始めて30年間この品種の豆を追い求めてきました。東ティモール産、パプアニューギニア産、コロンビア北部産、ジャマイカ産、キューバ産、ドミニカ産のティピカ品種はかすかな甘味や青草が特徴ですが、ハワイ産、パナマ産、コスタリカ産のティピカ品種はシルキーな中にコクがあり、風味ニュアンスが若干異なります。

ティピカ品種の新芽はブロンズ色です。昔はブルボン品種の新芽が緑色だったため色で区別できましたが、最近はブルボンでもブロンズ色のものも見られます。右は東ティモールのティピカ品種

ハワイコナのティピカ品種（左）は、肥料を入れていますので栄養状態がよく収穫量は多そうです。右はPNGのティピカ品種で、肥料が足りないか樹齢が長いと推測されます

パナマの農園のティピカ品種（左）とジャマイカの農園のティピカ品種（右）

ブルボン品種

ブルボン品種

剪定していないブルボン品種樹高が4mをこえています

オランダは、1718年に植民地のスリナム（Suriname：オランダ領ギアナ／南米北東岸で1975年に独立、当時のギアナは、イギリス領、フランス領、オランダ領に3分割されていた）にアムステルダムの植物園の苗木を送っています。これがブルボン品種の伝播のきっかけです。1727年頃この地の若木がブラジル北部のバラ州に植えられ、曲折を経て1760年リオデジャネイロ州、1780年サンパウロ州で栽培されることになりました。また、1859年にレ・ユニオン島からブルボン品種が持ち込まれて、サンパウロ州とパラナ州が主要産地となります。しかし、1975年の大霜被害で打撃を受け、生産地は北部のミナスジェライス州、エスピリトサント州、バイア州に移行します。この間にブラジルの品種は多様化し、1875年に赤ブルボン品種の栽培、1930年に黄ブルボン品種が発見され、その後カトゥーラ品種、ムンドノーボ品種、カトゥアイ品種が生まれています。

一方、1715年にフランスインド会社がイエメンの苗木をインド洋上のブルボン島（現レ・ユニオン島）の修道院の庭に植え、その子孫が当時のブルボン王朝にちなんでブルボン品種と名づけられました。その後、1878年には、フランスの宣教師がレ・ユニオン島から東アフリカのタンザニアに持ち込みます。これがフレンチミッションブルボン品種の祖先です。タンザニアのキリマンジャロの山麓ではドイツの植民者なども栽培するようになり、1900年にはスコットランドの宣教師

旦部幸博／珈琲の世界史／講談社現代新書／2017
日本コーヒー文化学会編／コーヒーの事典／柴田書店／2001

がケニアに持ち込みます。

これらレ・ユニオン島から派生したものがブルボン品種系になり、東アフリカ、ブラジルに伝播し、その後、中米諸国にも植えられていきます。*Coffea Arabica*は、このティピカ品種系とブルボン品種系の2系統が主な栽培種となります。

現在のブルボン品種の基本の風味は、グァテマラのアンティグア地区の豆に代表されるというのが個人的見解です。この地域の生産者の多くは先代からの農園経営を受け継ぎ、長い歴史をもち、品質の安定性が高いといえます。

ブルボン品種の主な生産地は、グァ

テマラ、エルサルバドル、ルワンダ、ブラジルなどです。ケニアの SL 品種もブルボン系の品種といえます。タンザニアもブルボン品種系ですが、アルーシャ品種、ケント品種などとの品種の混在が目につきます。

ブルボン品種の基本風味

ティピカ種よりはややコクがあり、柑橘果実の酸味が明確で、複雑なコクとのバランスがよいと感じさせてくれます。アラビカ種の基本の風味といえますので、この品種の風味も覚えてください。

ブルボン品種のチェリー

エルサルバドルのコーヒー研究所で開発されたブルボン品種の選抜種（Tekisic）

グァテマラ・アンティグアのブルボン品種

エクアドルのブルボン品種

官 能 評 価

図は、2021年10月ルワンダの CEP AR (Coffee Exporters and Processors Association of Rwanda/ 輸出業及び加工業者) による「A Taste of Rwanda」オークションのサンプルです。国内及び国際的に認知度を高めるために開催されています。ブルボン品種のウォッシュドの7種を味覚センサーにかけました。

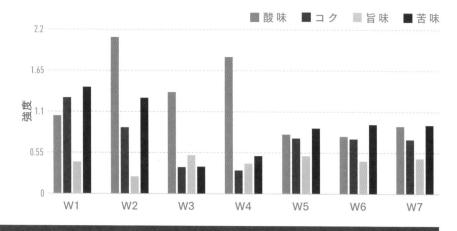

ルワンダ（2020-21Crop）ウォッシュド

■ 酸味　■ コク　■ 旨味　■ 苦味

同じ品種でも、ステーションの地区により風味差が生じることがわかります。W2、W4はかなり酸の強いコーヒーであり、W5、W6、W7はほぼ同じ風味であると推測されます。オークションジャッジのスコアは85点から87点台と高い評価でした。官能評価の点数と味覚センサー値との間にはr=0.8183の高い相関が見られました。

ルワンダのブルボン品種

chapter 9

カトゥーラ品種

カトゥーラ品種

　ブルボン品種の突然変異種で、矮小種（樹高が低い）です。ブルボン品種同様多くのコーヒー栽培環境に適応します。同様のブルボン品種からの変異は、エルサルバドルのパカス（Pacas）品種とコスタリカのビラサルチ（Villa Sarchi）品種があります。

　カトゥーラ品種は、樹高が低く強風に耐性があるため、ハリケーンの被害の多いドミニカではティピカ品種からの植え替えが進み、コロンビアやコスタリカでもティピカ品種やブルボン品種から植え替えられています。また、矮小で収穫しやすく、収穫量もティピカ品種の3倍近くあるのが特徴で、グァテマラなど他の中米諸国でも多く見られるようになっています。レッドカトゥーラ品種（Caturra Vermelho）とイエローカトゥーラ品種（Caturra Amarelo）があります。

カトゥーラ品種の基本風味

　標高1200〜2000mが栽培適地といわれますが、グァテマラなどの多くの産地では、ブルボン品種より風味はやや重く、濁り感を感じます。しかし、コロンビアのナリーニョ県、コスタリカのマイクロミルなどの標高2000mの栽培地では、しっかりした酸と明確なコクが現れ、優れた風味の豆を見かけます。

グァテマラのカトゥーラ品種

コスタリカのビラサルチ品種

ＳＬ品種

SL 品種

日本には2005年頃からナイロビ近くのワンゴ農園などの豆が入荷し始め、果実感のある風味に衝撃を受けました。酸味が強く（ミディアムローストで pH4.75程度）、果実感のある風味で、SL 品種は SP を代表する品種となりました。

2010年前後は、まだファクトリー（ケニアの水洗加工場）のコーヒーを輸出会社が扱っていませんでしたので、毎週ナイロビで開催されるオークションのリストを送ってもらい、サンプルを取り寄せ、風味をチェックし落札を繰り返しました。この時期、豆の仕入れにおいて成功と失敗を繰り返しつつ、真剣にテイスティングを学習しました。

SL28は、スコットラボラトリー（Scott Agricultural Laboratories：1934年から1963年の間に複数の栽培品種を開発したケニアの研究所）がブルボン系品種から選抜したもの。SL34は、カベテ地区のロレショー農園のフレンチミッション系（フランスの宣教師が持ち込んだブルボン品種）からスコットラボラトリーが選抜した品種といわれています。

しかし、実際にこの2つの品種を木の形状から区別するのは困難なようです。

SL 品種は自然交雑している可能性が高く、木や葉の形状では違いがわかりにくくなっています。また、この品種が強い酸味やフルーティーな風味をもつことの原因はわかりません。

SL28品種

SL34品種フレンチミッション

SL品種の基本風味

　風味は、レモン（強い酸）、オレンジ（甘い）の果実に含まれるクエン酸に特長があります。さらに、チェリー、プラム、ラズベリージャムなどの赤い果実、ブラックベリー、黒ブドウなどの黒い果実、パッションフルーツ、マンゴーなどの熱帯果実、プルーン、干しブドウなどの乾燥した果実、その他アンズジャムやトマトなどの風味を感じ取れるコーヒーがみられます。そのためSPを扱う、世界中の多くのトレーダー（輸入会社）やロースター（焙煎会社）が産地訪問するようになりました。

　まずはケニアのSL品種を飲んで、果実の風味があることを確認してください。

官 能 評 価

　コスタリカのマイクロミルのSL品種とティピカ品種、ゲイシャ品種を味覚センサーで比べました。グラフから、SL品種の酸味が強いことがわかります。品種の風味は、その土地のテロワールとの相性の中で輝きますが、SL品種はどの生産地に植えても酸味が際立つ印象です。

コスタリカ（2020-21Crop）ウォッシュド

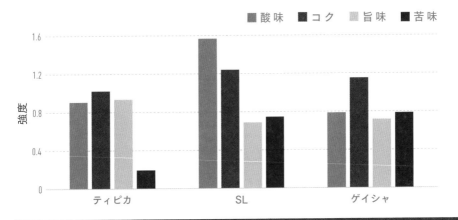

■酸味　■コク　■旨味　■苦味

パカマラ品種

パカマラ品種

パカマラ品種は、1958年にエルサルバドルの国立コーヒー研究所により作られたハイブリッド品種で、1990年前後にリリースされました。パカス品種（Pacas：ブルボン品種の変異）とマラゴジペ品種（Maragogype：ティピカ品種の変異）との交雑でできた品種で、名前はそれぞれの親の最初の4文字からとっています。

　高い生産性がパカス品種から、大きな果実はマラゴジペ品種より受け継がれています。エルサルバドルを代表する品種です。

　2000年中盤のグァテマラのインターネットオークションでエル・インフェルト農園（EL Injerto）のパカマラ品種が1位になったことで一躍有名になりました。

　グァテマラ産には珍しく、柑橘果実の酸にラズベリーのような華やかな酸が加わり、中米諸国産の豆にはない風味でした。シルキーでさわやかなタイプとやや華やかなタイプの2種類があるように感じます。

　ゲイシャ品種とともに飲んでおきたい品種の1つです。

　価格はゲイシャ品種ほどではありませんが、SP市場では人気が高いため価格もティピカ品種やブルボン品種よりかなり高い傾向があります。

エルサルバドルのパカマラ品種

パカマラ品種の大きな葉

パカマラ品種の基本風味

　フローラルな香りがあります。ティピカ系品種のシルキーな舌触りに、ブルボン品種系の甘味のある酸味が伴います。酸味は、柑橘果実の酸味に華やかな赤系の果実感が加わり、ティピカ品種とブルボン品種とは風味が異なります。

グァテマラの農園のレッドパカマラ品種

官能評価

　下のグラフはエル・インフェルト農園の同じ収穫年の2品種を味覚センサーで比べたものです。このサンプルの場合、官能的にはともに酸味が華やかですが、その質がやや異なります。優れたパカマラ品種には、柑橘果実の酸味に赤いラズベリーのような華やかさが加わります。ゲイシャ品種の果実風味に引けを取らないものも見られます。

パカマラ品種（2021-22Crop）

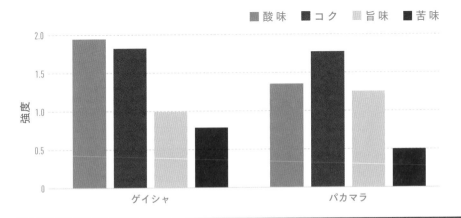

コーヒー栽培はさび病（Coffee Leaf Rust）

葉さび病（Coffee Leaf Rust）

　ケニアのビクトリア湖畔で1861年に発見され、世界中に感染が広がりました。ヘミリア・ヴァスタトリックス（Hemileia Vastarix）菌により、葉の裏に黄色の斑点ができ、落葉し木が枯れます。葉さび病＊は蔓延が早く、胞子は空気、虫、人間、機械などに付着して拡大します。アラビカ種は、遺伝的距離が近く、耐性がないため絶滅の恐れさえあります。

　セイロン（スリランカ）では過去にさび病でコーヒーが壊滅し、紅茶の生産に切り替えられました。

　インドネシアでは、さび病の感染により生産性が高く耐病性のあるカネフォーラ種に植え替えられ、現在はカネフォーラ種が生産量の90％を占めています。

　感染が広がるとコーヒーの木は葉をなくして光合成ができずに枯れます。

　2000年前後にコロンビアでも発生したことで、1100万袋の生産量が700万袋に激減し、アラビカ種の先物取引価格は暴騰しました、そのため、コロンビアのFNCは、耐性のあるカスティージョ品種の開発をし、植え替

えを進めました。その後も、ジャマイカ、エルサルバドル、ハワイコナなどで被害が深刻になり、コーヒー栽培はさび病との闘いの歴史ともいえます。

　基本対応は、日陰樹の管理＊、風通しをよくし、感染した葉の除去などの剪定をする、栄養分の競争を回避する

葉さび病

葉さび病

ための雑草処理、農薬噴霧、拡散防止のため服、農具、トラック、袋等の除菌、また産地からの訪問客制限をするなどの対策が必要になります。耐性品種への植え替えもあげられます。

＊日陰樹下の木にさび病菌が見られても感染防御力が強いといわれます。また、標高の高いほど殺菌剤の効果が高く、肥料により健康で栄養が十分な木の方が感染抑制に効果があるという研究も見られます。

ただし、葉さび病耐性種であるサルティモール品種（HdeT × ビジャサルチ品種）＊、カティモール品種（HdeT ×カトゥーラ品種）のコーヒー葉さび病に対する抵抗力が低下しつつあり、新たなアラブスタ品種の開発の取り組みも始まっています。

＊ Hibride de Timor（P209参照）

＊コーヒーの病害虫について簡潔に書かれています。
http://www2.kobe-u.ac.jp/~kurodak/Coffee/Pests.html
＊さび病については、下記論文に詳しく書かれています。
Jacques Avelino et.al/The coffee rust crises in Colombia and Central America (2008–2013): impacts, plausible causes and proposed solutions

たんそ病（Coffee Berry Disease：CBD）

チェリーの表面に暗褐色の丸い斑点がつきます。1920年頃にアフリカケニア西部で初めて記録され、コーヒーの実や根に深刻な被害をもたらす病害のひとつです。コレクトトリクムコフェアヌム（Colletotrichum Coffeanum）という伝染力の強い菌が原因といわれ、湿度、霧、低温により拡大します。

CBDの抵抗性の高いカティモール系のルイル11品種などがケニアなどで開発されましたが、その後CLRとCBDに対する耐性とよい風味を求め、2010年にケニアコーヒー研究所（CRI：Coffee Research Institute）がバティアン品種（Batian）を開発しています。

ベリーボーラー（Coffee Berry Borer：CBB）

ブラジルではブロッカ（Broca：Hypothenemus hampei）と呼ばれます。チェリーの内部に入って産卵する、幼虫が種子を食害します。成虫で体調1.66mm以下の黒っぽい甲虫です。生豆にはピンホールができ、虫食い豆として扱われます。2013年にハワイで発生し、ハワイコナは壊滅的な打撃を受けています。

7 品種からコーヒー豆を選ぶ・
カネフォーラ種とハイブリッド品種

chapter1

カネフォーラ種

現在カネフォーラ種の生産量は、全体の40%前後を占めるようになり、私がこの仕事を始めた30年前と比べると10%程度増加しています。日本の輸入量は全体の35〜40%程度がカネフォーラ種です。価格が安いため、アラビカ種の増量材として、またインスタントコーヒーや工業製品に使用され、主にディスカウント市場を形成しています。本書はアラビカ種について解説していますが、カネフォーラ種は、アラビカ種との自然交雑によるハイブリッドティモール品種の片親となり、その後のアラビカ種に大きな影響を与えています。

カネフォーラ種は簡便なナチュラルの精製が大部分で、ここ20年品質は低下傾向にあり、酸味がなく濁り感のある雑味や苦味が目立ち、風味は焦げた麦茶のようです。しかし、イタリアやフランス、スペインではエスプレッソ用に多く使用されています。

コーヒーの市場原理からいえば、価格が安いカネフォーラ種は一定の需要はありますが、カネフォーラ種の市場占有率の拡大はコーヒー全体の風味のアベレージを低下させているともいえます。ただし、カネフォーラ種は低地で栽培（低地の方が耕作面積が広い）できて収穫量も多く、そこで働く農家の生活を支えていることも事実です。気候変動における生産量の減少傾向は、アラビカ種のみの問題ではなくカ

東ティモールのカネフォーラ種

カネフォーラ種

ネフォーラ種への影響も大きいといわれています。今後は、コーヒーの品種および生産量と消費量という構造的な問題としてとらえていく視点も重要になると考えます。

官能評価

カネフォーラ種の生産国の中からいくつかのサンプルを集め、味覚センサーにかけました。ラオス産、ベトナム産のカネフォーラ種の一部は、標高1000m程度で栽培する新しい試みで、ファインロブスタ（Fine Robusta）などと呼ばれます。WIB はインドネシアのウォッシュド、AP1はナチュラルです。ブラジル（全生産量の30%近く、主にブラジル国内での消費）、タンザニアもカネフォーラ種の生産が多いため載せました。機会があれば一度カネフォーラ種の風味を体験してみてください。

> ### カネフォーラ種の基本風味
>
> 風味は焦げた麦茶のようで、味が重く、苦味が強く、アラビカ種とは根本的に異なります。味覚センサーでもファインロブスタに比べると従来のカネフォーラ種は、酸味がないことがわかります。

各生産国のカネフォーラ種（2018-19Crop）

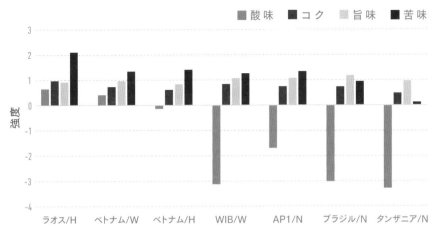

■酸味 ■コク ■旨味 ■苦味

H：Honey W=Washed N=Natural

chapter2

リベリカ種

リベリカ種は、3大種のひとつともいわれますが、流通量は極端に少なく、飲む機会そのものが少ないといえます。リベリカ種は、リベリア（Liberia）、ウガンダ（Uganda）、アンゴラ（Angola）に自生していますが、19世紀終盤にさび病で壊滅状態のアラビカ種に代わる品種としてインドネシアに持ちこまれました。現在、多くはフィリピン、マレーシアで栽培されていますが、主には観光需要です。標高の低い熱帯の高温多湿に耐えられ、樹高が9mまで高く伸び、葉は大きく粒も大きいのが特徴です。

バラコ（強い：Barako coffee）は、フィリピンで栽培され、ほとんどが地元で販売されているリベリカ種で、輸出されない傾向があります。特徴としてカフェイン濃度が低く、平均的なカフェイン濃度がアラビカ種が1.61g/100g、カネフォーラ種が2.26g/100g に対しリベリカ種は1.23 g/100 g です。

ハワイコナのグリーンウェル農園では、リベリカ種の苗木にティピカ品種を接ぎ木＊していました。実際にトライしましたが、かなり面倒な作業でした。

＊台木（リベリカ種）に切れ目を入れてティピカ品種を挿し込み融合させます。病害虫に強い台木の性質をもち、ティピカ品種の遺伝子はそのまま受け継がれます。

リベリカ種の基本風味

味は平たん。酸味は微細、かすかにロブ臭に近い香りがあり、風味に個性はありません。ややクリーミーで、かすかに薬品臭のような余韻のある豆も見られます。

ユーゲニオイデス種

コフィア属は120以上の個別の種で構成されています。*coffea arabica*、*coffea canephora*、*coffea liberica* が栽培されている種として知られていますが、アラビカの親の種として *coffea eugenioides* があります。この種は、東アフリカの高地原産で、アラビカ種に比べカフェイン含有量が約半分で、苦味が少ないといわれています。流通していない種でしたが、現在コロンビアの農園で栽培され、2021年の世界バリスタ選手権で使用されました。

chapter 3

ハイブリッド・
ティモール品種
(Hibrido de Timor)

アラビカ種は自家受粉しますので1本の苗木を育て、果実を収穫して増やすことができます。一方、カネフォーラ種は自家受粉しません。本来アラビカ種とカネフォーラ種は自然交雑をしませんが、1920年に東ティモールでアラビカ種とカネフォーラ種の自然交雑種が発見され、ハイブリッド・ティモール（Hibrido de Timor：以下HdeT）と呼ばれました。

この品種の発見で、他のアラビカ種との交雑が可能となり、さび病に耐性

のあるカティモール品種（Catimor）、サルティモール品種（Sarchimor）などのハイブリッド品種が誕生しました。さび病に耐性があり多くの生産地に植えられています。

この HdeT 品種は、アラビカ種に区分されますが、一般流通はしていませんので東ティモールから取り寄せテイスティングしましたが、風味は、カネフォーラ種というよりアラビカ種寄りでした。

東ティモール

ハイブリッド・ティモール品種

カ テ ィ モ ー ル 品 種

カティモール品種

アラビカ種の場合、遺伝的差異が小さく、さび病などに弱いという脆弱性を持っています。したがって、さび病・害虫などが発生した場合、ほとんどのアラビカ種が一気に消滅してしまう可能性さえあります。そのため、1959年にポルトガルの研究所で生まれたのがカティモール品種です。高収量、高耐病性、高密度の植え付けの品種で、HdeTとカトゥーラ品種（Caturra）の交雑で開発されました。

このカティモール品種は、急速に拡大しインドネシア、中国、インド、フィリピン、ラオスなどのアジア圏、コスタリカなど中米などで栽培されています。

アジア圏の多くで栽培されているカティモール品種は、味が重い傾向があり、やや濁りを感じる場合があります。例えば、スマトラマンデリンのティピカ系品種とカティモール系アテン品種、雲南のティピカ品種とカティモール品種などは官能的に区別できます。

ただし、カティモール品種でも、完熟した豆を収穫し、丁寧な乾燥をすれば明確な酸味とコクが生まれる可能性

があると感じています。インドのCCRI（Central Coir Research institute）は、HdeTとさまざまなアラビカ種を交雑し、商業栽培のために13のカティモール品種を開発しています。2022年に開催されたインドのインターネットオークションでは、そのうちのSelection9という品種でした。T8667というカティモール品種は、1978年にブラジルのUFV大学（University Federal de Viçosa）からコスタリカのCATIEに送られ、その後中米の様々な国に種子が提供されています。その後コスタリカでは、CATIEがT-8667の追加選択を行い、コスタリカ95品種を作成し、ホンジュラスのコーヒー研究所（IHCAFE）は、レンピラという品種を作り、エルサルバドルのサルバドールコーヒー研究所（ISIC）はカシティック品種（Catisic）を作っています。

コロンビアでは、カスティージョ品種が誕生しています。

アジア圏のコーヒーは、カティモール品種が多く見られるので、試してみてください。

官能評価

下のグラフは、アジアの生産国のカティモール品種を味覚センサーにかけたものです。比較のためミャンマー産のSL品種を加えました。SL品種に比べ、カティモール品種は全体的に酸味の弱い傾向が読み取れます。

ただし、アジア圏で栽培された乾燥のよいカティモール品種には、しっかりした酸味があります。ただし、クエン酸より酢酸系の酸味に感じます。

アジアの生産国のカティモール品種(2019-20Crop)

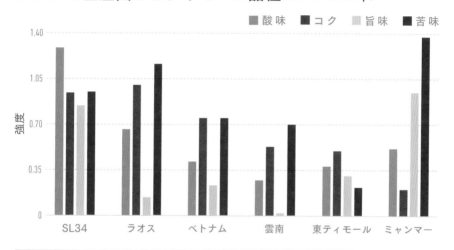

凡例: ■酸味 ■コク ▨旨味 ■苦味

縦軸: 強度（1.40, 1.05, 0.70, 0.35, 0）

横軸: SL34　ラオス　ベトナム　雲南　東ティモール　ミャンマー

このサンプルの場合、私のSCA方式での評価では、SL品種が83点で、それ以外は80点以下となりました。

官能評価と味覚センサーの間にはr=0.9387と高い相関性が見られました。

アジアの生産国のナチュラルの精製

chapter5

カスティージョ
品種

カスティージョ品種

力スティージョ品種（Castillo）は、FNC（コロンビアコーヒー生産者連合会）の研究部門であるセニカフェ（Cenicafé）が、コロンビア品種（HdeT とカトゥーラの交雑種）の後に開発した品種です。2005年にリリースされ、2009年から2014年までの間にコロンビア各地に多くの苗木が植えられています。

　カスティージョ品種の場合、F1（雑種第一代＝F1 hybrid：異なる2つの系統の交雑により生まれた第一世代目の子孫）は、樹高が低くさび病に強かったのですが、F2は樹高がばらつき、その後交雑を繰り返しF5で安定しています。40種のクローンがあり、コロンビアの各県の地域との適性に合わせて植えられています。カトゥーラ品種より生産性が高く、スプレモ（大粒）が多くとれるという特徴があります。

　また、さび病（Coffee Leaf Rust）、CBD（Coffee Berry Disease）に耐性があり、コロンビアの代表的な品種となっています。コロンビアでは、各クローンを各県の環境との適性を見て、アンティオキア県（Antioquia）には

Castillo El Rosario、トリマ県（Tolima）には Castillo La Trinidad を植えています。

カスティージョ品種の基本風味

　FNC は、カトゥーラ品種とカスティージョ品種間に風味差はないとしていますが、標高の高い産地（1600以上）の場合、カスティージョ品種の風味は、やや重く感じますが、カトゥーラ品種は、香りがよく柑橘果実の明るい酸味があります。比較するとカトゥーラ品種のほうがクリーンな傾向が見られます。

カスティージョ品種

官能評価

　2021年2月に開催された Colombia Land of Diversity（オークション）の中からカスティージョ品種とカトゥーラ品種を選び味覚センサーにかけました。このオークションはコロンビアの生産地域の多様性を告知するために FNC の支援で行われています。1.100のサンプルから26サンプルに絞られており、オークションジャッジの評価がありませんでしたのでテイスティングセミナーのパネル（n=20）で官能評価をしました。

コロンビアのカスティージョ品種（2020-21Crop）

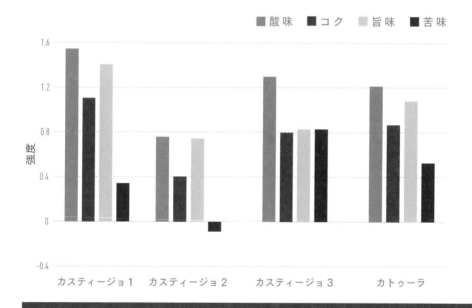

■酸味　■コク　■旨味　■苦味

　このサンプルでは、カスティージョ1＝83点、カスティージョ2＝79、カスティージョ3＝80、カトゥーラ＝85と評価に差がでています。味覚センサー値と SCA 方式の点数の間には r=0.6604とやや相関が見られました。

　コロンビア産のコーヒーを買う場合は、品種の確認をして購入してください。品種が混在している場合も多く見られます。

8 焙煎からコーヒー豆を選ぶ

chapter1
焙煎とは

焙煎とは、生豆に含まれる11%前後の水分を、伝熱（熱の移動）により粉砕が容易な2〜3％に減少させ、抽出に適する焙煎豆の状態にすることです。本書ではこれら全体の伝熱を煎る（炒る）と表現します。この過程で、生豆に含まれる成分は、化学変化により分解され、または喪失し、新たな揮発性及び不揮発性の物質を生成します。したがって、伝熱速度は最終的に抽出されるコーヒーの風味に影響しますので、そのプロファイル（分析データなど）が重要になります。

さらに、焙煎者には、生豆のポテンシャル（Potential：潜在性）を引き出すスキルも重要になります。

生豆を焙煎すると、水分が蒸発し、細胞組織は収縮しますが、さらに加熱すると内部は膨張し蜂の巣のような空洞（多孔質）になり、コーヒーの成分は、空胞の内壁にも付着し、炭酸ガスが閉じ込められます。この空胞内の成分や炭水化物（セルロース）を熱水で溶解しやすくする作業を焙煎ということもできると考えます。

生豆に含まれる6〜8%/100g 前後のショ糖は、焙煎温度150℃あたりからカラメル化し、その後さらにアミノ酸と結合しメイラード反応（アミノカルボニル反応：褐色反応）が起こり、甘い香り成分やメイラード化合物など複雑な生成物ができ、コクや苦味にも影

5kg 焙煎機での焙煎

響を与えます。

このメイラード反応時の火力や経過時間がコーヒーの風味に大きな影響を与えていくと考えられます。メイラード反応が長いと粘性（Body：コク）が増し、短いと酸（Acidity）が強くなる傾向があるともいわれますが、熱量や時間経過での変化と風味を検証するのは難しいと感じます。

小型焙煎機の具体的な操作方法は、最終的には、熟練した焙煎士が、投入温度、豆の量を固定し、焙煎過程における温度と排気をコントロールし、ハゼ音（炭酸ガスが豆の殻を破って出てくるときの音）、焙煎時間、色などを総合的に勘案しながら焙煎します。これらの方法による安定性のため、2010年あたりから焙煎機にパソコンを接続し、プロファイルに基づき焙煎する方法が増加しています。

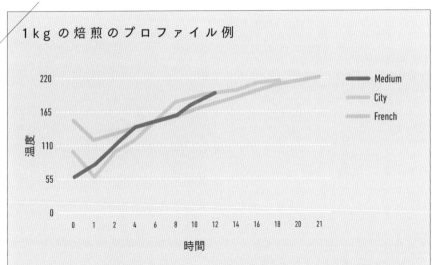

大まかには、150〜160℃でメイラード反応が起き、175〜180℃で1度目のハゼ（ミディアムの入り口）、200℃で2度目のハゼ（シティローストの入り口）が始まり、ここからの進行は早く一気にフレンチまで進行します。

このようにみるとコーヒーは、天ぷらやトンカツの180℃（揚げ油の温度）よりもかなりの高温です。なお、カカオ豆を焙炒したことがありますが、110〜130℃程度の焙炒温度になり、コーヒーよりは低温です。

＊焙煎温度は、焙煎機の構造、温度計の設置位置により異なりますので、あくまで目安とお考え下さい。コーヒーでは焙煎、カカオでは焙炒という言葉が一般的に使用されます。

chapter2
焙煎の安定性

焙煎の安定度を確認する単純な方法としては、焙煎による目減り率を参考にすることです。これにより焙煎規格を決めることも可能と考えられます。

シュリンケージ（Shrinkage：重量減）を基準にし、ある一定の重量減でコントロールすればよい訳です。また、別の方法として色差計のL値（色の明るさ＝明度）で計ることもできます。このL値は、0が黒で100が白で数字の大きいほど明るい色になります。歩留まり（投入生豆に対し得られた焙煎豆の比率）といういいかたもされます。

色素計は大手ローサーでは一般的に使用されますが、機械の価格が高く自家焙煎店では使用される事例はほとんどありません。

　下表は、1kg焙煎機を使用し生豆300gをミディアムローストしたものです。投入温度は160℃、ガス圧0.6、排気2.5で統一し、時間は7分46秒から8分の間で焙煎しました。少量焙煎のため、焙煎機の細かな操作はしていません。

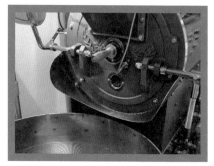

1990年に私が開業した時の富士ローヤルの改良5kg焙煎機

フジローヤル1kg焙煎機で300gを焙煎ミディアムロースト

1kg 焙煎機	焙煎時間	重量減%	色差計	官能評価
ケニア	7分46秒	11.6	20.6	アンズジャムのよう
ペルー	7分57秒	12.6	21.2	明るい柑橘の酸
グァテマラ	8分	12.8	21.0	オレンジ、夏みかん
コロンビア	8分	12.8	21.4	プラム、ライム、みかん

chapter3

さまざまな
焙煎度のコーヒー

日本では、さまざまな焙煎度の豆が流通しています。しかし、私が開業した1990年時点の日本市場ではミディアムローストが90%以上を占め、深い焙煎は主にアイスコーヒー用でした。そこで、開業当初はミディアムロースト（中煎り）、シティロースト（やや深煎り）、フレンチロースト（深煎り）の3種の焙煎をし、差別化のためになるべくシティロースト以上の深い焙煎豆をお客様におすすめしました。

現在日本でよく使用される8段階の焙煎の場合、ライト、シナモンはほとんど流通していません。また8段階といっても焙煎会社で微妙な焙煎差はありますし、そもそもこの8段階を使用しない焙煎会社も多くあります。

世界中の消費国を見渡しても、焙煎度の種類の多い国は稀で、呼び名も様々です。

8段階のローストは、昔米国の一部で使用されていたようですが、現在のアメリカでは使用されていません。最も古いアメリカのコーヒー団体であるNational Coffee Association USA * で

は、ライトロースト（Light Roast）、ミディアムロースト（Medium Roast）、ミディアムダークロースト（Medium-Dark Roast）、ダークロースト（Dark Roast）と焙煎色で4段階区分の事例を紹介していますが、焙煎度は会社によりさまざまです。ミディアムダークローストあたりがフルシ

* Coffee Roasts Guide (ncausa.org)

さまざまな焙煎機

サンプル焙煎機（上左）、5kg焙煎機（上右）、ダクト（下左）、アフターバーナー（下右）、アフターバーナーは煙を高温で燃焼します。

ティローストに相当します。ダークローストは豆の表面にオイル分がにじむ焙煎度です。

今は少なくなりましたがヨーロッパで古くから使用された焙煎名であるジャーマンロースト（German Roast）、ウィーンロースト（Vienna Roast）、フレンチロースト（French Roast）、イタリアンロースト（Italian Roast）という区分もあります。私が開業する前にニューヨークの挽き売り店の市場調査をしたときには、このような焙煎表記は多くみられました。ただし現在のヨーロッパの焙煎度は、全体的に浅く、日本のミディアムロースト程度が多く見られます。

私は、生豆の風味を表現するためには多様な焙煎度が必要と考えるようになり、8段階の焙煎度を採用しました。もともとが深い焙煎でおいしいコーヒーを目指していましたので、現在はライト、シナモン、ミディアムの焙煎はせず、ハイローストからイタリアンローストまでの5段階で焙煎しています。

8段階の焙煎表示がされていても、各会社、白家焙煎店などで焙煎度は微妙に違いがありますので、おおまかな指標を右ページにまとめました。

焙煎の違いによる特徴

どの焙煎度の豆が自分の好みなのかを見つける際に
参考にしてください。

ライト
pH／ー
L値／ー
歩留／ー
浅煎りで、やや穀物臭
（麦芽、トウモロコシ）

シナモン
pH／4.8≦
L値／25≧
歩留／88-89%
浅煎り、レモンのよう
な酸、ナッツやスパイ
ス

ミディアム
pH／4.8~5.0
L値／22.2
歩留／87-88%
1度目のハゼからその
終了くらいまで、酸味
が強い、やや液体に濁
り、オレンジ

ハイ
pH／5.1~5.3
L値／20.2
歩留／85-87%
ミディアムの終了から
2度目のハゼの手前ま
でさわやかな酸味、蜂
蜜、プラム

シティ
pH／5.4~5.5
L値／19.2
歩留／83-85%
2度目のハゼ*の始まり
あたり、深煎りの入り
口、柔らかな酸味、バ
ニラ、キャラメル

フルシティ
pH／5.5~5.6
L値／18.2
歩留／82-83%
2度目のハゼのピーク
前後、フレンチとの差
が難しい焙煎度、チョ
コレート様

フレンチ
pH／5.6~5.7
L値／17.2
歩留／80-82%
2度目のハゼのピーク
から終了手前までの焙煎
度、ダークチョコレー
ト色でかすかに豆の表
面に油脂が浮かぶ、ビ
ターチョコレート

イタリアン
pH／5.8
L値／16.2
歩留／80%
フレンチより深く、か
すかに焦げ臭が付着す
る、排気が悪いと黒色
に近づく

＊ L（light）値＝分光色差計 SA4000（日本電色工業製）を使用
＊ハゼ＝豆の温度が100℃を超えると水分の蒸発が進み乾燥していきます。さらに温度が上がると、豆の
　中の炭酸ガスが発生し、豆表面にできた気泡から炭酸ガスが出るときの音をいいます。

chapter4
焙 煎 度 の 決 め 方

基本的には生豆をサンプルロース
トし、テイスティングのうえ酸
味やコクの強さで判断しますが、プロ
でも難しく、多くの試行錯誤のうえに
身に付くスキルです。

　ジャマイカ産ティピカ品種のような
軟質の豆は、繊維質が柔らかく熱が入
りやすいと考えられ、焦げる可能性が
増します。それゆえハイローストまで
で止め、ケニア産のような硬質の豆は
フレンチローストまで焙煎できる可能
性があるということがわかるようにな
ります。

　写真は、ケニア産とスマトラ産のミ
ディアムロースト豆をカットし、断面
を走査電子顕微鏡*で見たものです。
生豆から焙煎が進行するに伴い空胞が
でき、多孔質の構造（ハニカム構造）
が形成され、最も深いイタリアンでは
空胞が壊れるところも出て、油分が染
み出してきます。
　顕微鏡の倍率をあげて500倍にする
と、ケニア産はスマトラ産に比べ空胞
ができにくく、豆質が固いと考えられ
ます。それゆえ、より深い焙煎が可能

になるのではないかと考えられます。

　したがって、各産地の生豆の潜在的
な風味を生かすには適切な焙煎度があ
り、ミディアムに適した豆、ハイまで
は焙煎できる豆、フレンチでも風味が
消えない豆などがあるとわかります。
大まかには、軟質の豆（Soft Bean）
より硬質の豆（Hard Bean）のほうが
深く焙煎できるまる可能性があります。

　硬質の豆を外見や経験値から判断す

ケニア 焙煎豆100倍

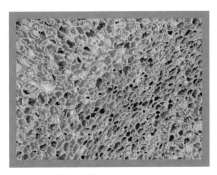

スマトラ 焙煎豆100倍

ケニア　焙煎豆500倍

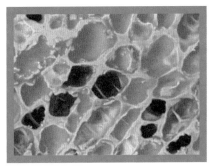

スマトラ焙煎豆500倍

＊日本電子（株）JMC-7000走査電子顕微鏡使用

ると、①嵩密度が大きい豆、②比重選別された豆、③ New Crop（当該年度収穫）、④同緯度であれば標高が高い産地の豆、⑤脂質と酸の含有量が多い豆などが考えられます。こうした豆は、実が締まっているためミディアムローストでは豆が膨らみにくく、豆に皺がのこる傾向が見られます。反面、シティローストやフレンチローストのような深い焙煎でも風味がぶれにくい傾向が見られます。

　具体的には、多くの経験値からタンザニア産よりケニア産、コロンビア北部産より南部産、グァテマラ・アティトゥラン産よりアンティグア産、コスタリカ・トレスリオス産よりタラズ産の豆などのほうがより深く焙煎できる可能性があると考えます。これらを参考にして、適切な焙煎度を決めます。

chapter 5

焙煎度による
風味の変化

焙煎によりコーヒーの多様な風味が生まれ、焙煎度で酸味、苦味、甘味やコクなどが変わります。酸味と苦味は焙煎度での違いはわかりやすいと思いますが、甘味やコクをとらえるのは難しいと思います。

焙煎度の違いによる風味差の一例

焙煎度	pH	酸味	苦味	甘味	コク
ミディアム	pH5.0	明確な酸	かろやかな苦味	やさしい甘味	さらりとした
シティ	pH5.3	軽やかな酸	心地よい苦味	甘い余韻	なめらかな
フレンチ	pH5.6	微細な酸	しっかりした苦味	甘い香り	質感がある

官能評価

　下のグラフは、3種の焙煎度の異なるコーヒーを味覚センサーにかけた結果です。

　酸味はミディアムローストが強く、フレンチローストは酸味が弱く、苦味が強いことがわかります。旨味はどの焙煎でもバランスよく見られますが、渋味はミディアムローストに多く見られました。この結果がすべてではありませんが、焙煎度により風味が変化することがわかります。

焙煎度による風味の差

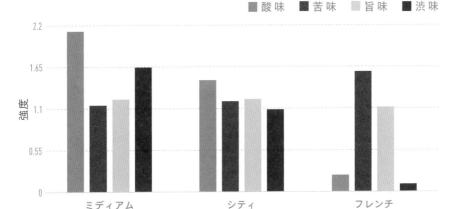

　焙煎度は好みの問題となりますので、消費者が自由に選択すればよいでしょう。

　個人的にはフレンチローストの豆で、焦げや煙臭がなく、やわらかな苦味の中にかすかな酸味と甘味を感じられる豆が好みです。粉の量を多めにし、濃度のあるコーヒーを飲んでいます。

chapter6

焙煎豆の
保存方法

自家焙煎店の場合は比較的焙煎したての豆が販売されますが、梱包されて販売されているものの多くは、賞味期限（賞味期限には明確な基準がなく、各社で設定しています）が印字されています。焙煎日が記入されている事例は少ないでしょう。対面販売の店であれば、いつ頃焙煎したものかを聞くのもよいと思います。

熱水をかけた際に、炭酸ガスが放出され粉が膨らむ場合は鮮度がよいと判断してください。ただし、中煎りは深煎りに比べ水分が十分抜けていませんので、粉は膨らみにくくなります。

焙煎豆の保管の基本は、豆、粉問わず冷凍庫です。

アルミなどの包材の場合は比較的保存性は高く、ビニールなどでは空気が透過します。また最近では、バルブ（炭酸ガスが抜けますが、空気は入らない構造）がついているものも多く見られ、焙煎仕立ての豆の梱包に便利ですが、常温での保管には限界があります。焙煎日の不明な焙煎豆は、梱包材質、賞味期限にかかわらず、購入後速

やかに冷凍庫で保管し、酸化を止めるのが無難です。日本工業規格（JIS）により、家庭用冷蔵庫の冷凍室の温度は「−18℃」と定められています。これは微生物が増殖できなくなる温度です。大学の研究室で使用する場合は、焙煎後真空パックにし、さらに冷凍用の包材に入れ「−30℃」の冷凍庫に保管しています。

焙煎後1週間程度以内の
新鮮な豆の取り扱い

1 / 常温保管の場合は、瓶、缶に入れ、冷暗所（光、空気、熱を避ける）で3週間程度までが飲みごろです。煎り立ての豆を購入したら、当日、3日後、7日後、14日後、21日後と飲んでいくと風味の変化がわかり、そのコーヒーの風味変化や飲みごろを理解できます。一度試してみてください。

2 / 焙煎したての豆（開封しない状態）でも、2〜3か月で風味は落ちていくと感じます（ただし、会社により見解は異なりますので、賞味期限が1年以上の場合もあります）。購入後すぐに包材に入ったコーヒーを、さらに冷凍用の袋に入れ冷凍保存してください。使用時は、冷凍庫から出してすぐ粉にして、湯を注ぎます。使用後はまた冷凍庫に保存します。焙煎豆の水分値は2%程度ですので、カチカチに凍ることはありませんので常温に戻す必要はありません。

透明な保存容器による劣化

長期間常温保管されている焙煎豆は、酸敗（油脂分の脂肪酸が空気で酸化し嫌な臭いが生じる）していきます。また、ステイリングという劣化は、焙煎豆や粉が吸湿して嫌な酸味になることをいいます。抽出液を長時間保温した場合に酸っぱくなるのも同じです。

煎り立ての豆であれば保存容器にいれ常温で3週間程度で飲みきるのがよいでしょう。長く保管する場合は冷凍庫に入れてください。

シングルオリジンと
ブレンド

1990年に私が開業したときは、大部分の喫茶店のメニューには「ブレンド」と表記されていました。ごく一部のコーヒー専門店がコロンビア、ブラジルの他にプレミアムのブルーマウンテンなどを提供していた時代です。それらのコーヒーはブレンドに対比する言葉としてストレートと呼ばれていました。ブレンドは、焙煎会社のオリジナルな配合で、顧客も喫茶店に入ると「コーヒー」というより「ブレンド」と注文していました。

その後2000年代にはいると、徐々に生産国の農園名のコーヒーが流通するようになります。2010年頃からは、より生産者との距離も近くなり、生産履歴のわかるコーヒーが増加します。「シングルオリジン（以下 SO）」という言葉が使用されるようになり、SO ブームが起こります。SO でなければコーヒーでないというような風潮さえ見られました。もちろん優れた品質のコーヒーはその個性的な風味ゆえにそのまま飲用したほうがよいものも多くあります。

しかし、時代がどのように変化しようが、過去30年コーヒーに携わった経験から、会社や店のコーヒーに対する価値観や主体的な風味はブレンドに現れると考えています。したがって、初めての会社や店で焙煎豆を購入する場合は、オリジナルブレンドを試すのもよいと思います。

私は、多くの SO を使用してきましたが、同時に多くのブレンドも作ってきました。SO ブームの中で、2013年にいち早くブレンドを整理し作ったのが、ブレンド #1 から #9 です。ブレン

ド作成には、固定概念にとらわれず、想像力が必要です。頭の中で考えた風味のイメージを表現するには、シングルオリジンの風味を理解できていなければなりません。究極のブレンドの風味はシングルオリジンにはない、安定した風味＋複雑性だと思います。

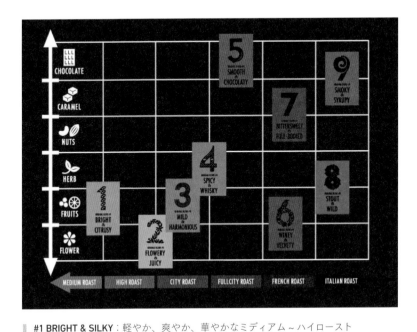

#1 BRIGHT & SILKY：軽やか、爽やか、華やかなミディアム～ハイロースト
#2 FRUITY & LUSCIOUS：さまざまな果実が絡み合う複雑なフルーティーなコーヒー
#3 MILD & HARMONIOUS：さまざまな風味がきれいにやさしく広がっていくブレンド
#4 AROMATIC & MELLOW：複雑な風味を追求するとコーヒーは妖艶になります
#5 SMOOTH & CHOCOLATY：苦味は穏やかで、甘くて、滑らかな舌触り
#6 WINEY & VELVETY：滑らかな舌触りの赤ワインを思わせる仕上がりです
#7 BITTERSWEET & FULL-BODIED："The 深煎り"を目指す王道のブレンド
#8 PROFOUND & ELEGANT：しっかり苦く、飲みごたえがあり、かつ華やか
#9 DENSE & TRANQUIL：苦味の中に香り、甘味、粘性が持続する風味

　この9つのブレンドの特長は、1のハイローストから9のイタリアンまで徐々に焙煎度が深くなることと、各ブレンドが風味により整理されていることです。
　個性的な風味のSPを使用し、さらに新しい風味を想像しようとするもので、このブレンドの風味を毎年維持するためには常に多くのシングルオリジンが必要となります。また、焙煎の回数が多くなり、大型焙煎機で一度に焙煎することができず、手間のかかる作業となります。

よい焙煎豆の
品質の見分け方

焙 煎豆を購入した時に、外見からも品質が良いものか？判断ができるので参考にしてください。

袋の焙煎豆をボールなどに
出してください

1/ 焙煎度の異なる豆をブレンドしてある場合を除き、全体的な色合いにムラのあるものは精製時における乾燥ムラにより生じます。風味に濁り感が生じます。

2/ 未熟豆は完熟した豆に比べ、ショ糖が少なく色づきが悪く、全体の中で薄く目立ちます。濁りや渋味が伴います。

3/ 欠けた豆や虫食い（ピンホールがある）が混ざっていないものがよいといえます。

4/ 表面ににじむオイル分は風味に問題はありませんが、長期間経っている場合は風味の変質の可能性があります。よい豆は見た目がきれいです。

抽出するときにも
確認できます

鮮度のよい豆は、炭酸ガスとともに香り成分も残っています。新鮮なコーヒーは、粉の香り（フレグランス）が高くペーパードリップで抽出する際に、熱水をかけると粉が膨らみます。

粉が膨らむものは新鮮

PART 4

コーヒーを
評価する

　コーヒーの風味は複雑で、あまりに多くの種類があり、膨大な数のコーヒーの中から選ぶのは大変です。そして、選んだコーヒーについて、自分で風味の判断ができることは素晴らしいことです。

　PART4では、コーヒーを味わうという観点より、「何がよいコーヒーで」、「何が優れた風味で」、最終的に「何がおいしいコーヒーなのか」を評価（判断）するための指針を書いています。難しいかもしれませんが、コーヒーの仕事に関わる方々や消費者がよいコーヒーと何か？　を客観的に判断できるようになることは重要です。

　初めは難しくとも、体験を積むにしたがって徐々に理解できるようになります。長期的な視点で、めげずに自分のスキルを上げていってください。

chapter1
言葉でコーヒーの風味を表現する

コーヒーの香味を5感で受け止めたときに、それをその豆の風味が潜在的な記憶の中にとどまる可能性もあれば忘れてしまう可能性もあります。

ある風味を思い起こすには言葉が必要で、言語化し、記憶の引き出しに入れておくことが重要となります。そしてその言葉は他人と共有できるような具体的かつ客観的な必要もあります。

語彙は、コミュニケーションツールであることが重要ですが、優れた特徴的な風味のコーヒーの風味をプラス評価して言葉で表現しようという試みの歴史はまだ浅いのが実情です。ワインのように言葉が整理され、コンセンサスがとれてはいません。その意味でコーヒーの語彙の研究は発展途上といえるでしょう。

風味の表現については、ある食品から感じられる香りや味の特徴を類似性や専門性を考慮して円状かつ層状に並べた「フレーバーホイール」（Flavor Wheel）があります。

ビール、日本酒、みそ、紅茶その他多くの食品で作成されています。

コーヒーの場合はSCAの作成したフレーバーホイールが主に使用されています。しかし、米国で作成されたSCAのフレーバーホイールは、よくできたものですが、風味は食文化に影響されるので、国や人種により感覚は微妙に異なります。参考にするのはよいのですが複雑で、プロでも経験が必要で、消化するのは難しいと感じます。

SPの場合でも、風味を言葉で表現できる可能性がある優れた品質のコーヒーは多くはありません。SCA方式でいえば、80点から84点のコーヒーの風味に対しては、簡単には言語化できません。「柑橘果実の明るい酸味、穏やかなコクがあり、甘い余韻が持続します。欠点の嫌な風味がなく、きれいな味わいです」程度であればよいと思います。ただし、85点以上であれば、各生産地域や品種などが生み出す特長的な風味が見られるようになるので、表現の語彙が増えますが、流通しているコーヒーの中ではごくわずかでしかありません。

適切な風味表現には、独りよがりではなく、多くの人と共通認識ができるものがよく、語彙集の研究が急がれま

す。あまり言葉を増やさないで、初め
は「心地よい香り、花のような香り、
香りが強い、酸味が強い、さわやかな
酸味、華やかな印象、甘さがある、甘
い余韻が残る、濁りを感じるなど」簡
単な2つか3つのワードくらいで表現

するのがよいでしょう。風味を意識し
てコーヒーを飲む習慣をつけると、自
然に味覚が開発され、語彙が増えてい
きます。

フレーバーホイール

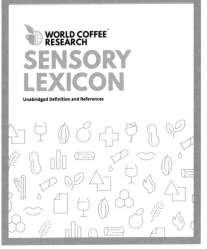

WCR の LEXICON

　SCA のフレーバーホイールが改訂
され、官能評価に利用されています
が、2つの観点から実運用には難しく
感じます。一つはアメリカ人の感覚で
作られたものであること。いま一つ
は、よい風味のフレーバーは SCA 方
式で85点以上のコーヒーに感じられ
るもので、極めて少ないからです。こ
の表を参考にして、過剰な言語表現が
される事例が多く見られます。
　WCR の作成したレキシコン（LEXI

CON・語彙集）は、非常に優れたもの
で、各用語の定義づけがされ、さらに
はその強度を重要視しているところが
画期的です。しかし、米国の食品を
ベースに構築されているので、日本や
ヨーロッパでの使用は困難です。
　また、あまりに専門性が高く、コー
ヒー研究者や科学者向きのもので、一
般のコーヒー関係者向きではありませ
ん。

香 り の 用 語

香りは嗅覚で感じます。コーヒーの香りは、粉の香りであるフレグランスと抽出液の香りのアロマに区分され、両者を総合的にとらえ評価します。

香りは味と表裏一体で、区分することが難しいため、香味という言葉も使用されます。これまで、テイスティングセミナーで使用してきた香りに関連する語彙についてリストアップしてみました。慣れないと使用は難しいでしょうから、よい香りであれば「心地よい香り」「花のような香り」などの言葉で十分です。

フ ロ ー ラ ル (Floral Note) の 語 彙

用語	英語	香り	属性
フローラル	Floral	多くの花の甘い香り	ジャスミン
フルーティ	Fruity	熟した果実の甘い香り	多くの果実
スイート	Sweet	甘い香り	カラメル
ハニー	Honey	蜂蜜の甘い香り	蜂蜜
シトラス	Citrus	柑橘のさわやかな香り	オレンジ
グリーン	Green	緑の草や葉のフレッシュな香	葉、芝
アーシー	Earthy	土臭い匂い	土
ハーバル	Herbal	ハーブ全体の香り	薬草
スパイシー	Spicy	香辛料の刺激的な香り	シナモン

＊平山令明 / 香りの科学 / 講談社 /2017
＊富永敬俊 / アロマパレットで遊ぶ / ワイン王国 /2006
＊ Ted R. Lingle/The Coffee Cupper's handbook/1986

果 実 の 用 語

「コーヒーはフルーツだ」ともいわれるようになりましたが、豊かな果実感をとらえることのできるコーヒーもあります。しかし、それらの風味は、ゲイシャ品種、パカマラ品種、SL品種やエチオピア産などのコーヒーの一部に中にあるものです。下の表は、ケニア産コーヒーのテイスティングセミナーの事例からコーヒーの果実系の言葉を選び整理したものです。

ケニア産コーヒーのテイスティングセミナーでの表現の一例　n＝30

ケニア産地	テイスティング
Kirinyaga	レモン、オレンジ、濃縮感がありかつクリーン
Kirinyaga	ライム、オレンジ、トマト、繊細、甘い余韻
Kirinyaga	白ブドウ、梅、クリーンで繊細
Nyeri	プラムやメロンのような甘味が強い
Nyeri	香りがよい、プラム、ブルーベリー、イチジクの甘味
Nyeri	チェリー、ブルーベリー、プラムなどの果実
Embu	グレープフルーツ、青梅、トマト
Embu	明るい酸、甘い余韻
Embu	しっかりした酸とコク、果実感
kiambu	レモン、チェリー、トマト
Kiambu	明確な酸の輪郭がコクを際立たせる
Kiambu	香り高く、華やかな果実の酸味とコクのバランス

テクスチャーの用語

　口内の触覚器官への刺激で感知される流動特性をいいます。複数の成分の総和により起きる口中の濃縮感をテクスチャーとします。口内で知覚できる物理的特性で本書では、ボディ（Body：コク）と同意語として使用します。

　生豆に含まれる12〜18%/100g程度の脂質は、コク（Body）に大きな影響を与えると考えられます。

　また、抽出液に浮遊するわずかなコロイド（油膜と沈殿物）は、口触りに質感を与えますが極めて微量です。非常に難しい感覚ですが、口腔内で感知する粘性、なめらかさ、複雑さ、厚みなどを意識してください。

テクスチャーの用語の一例

用語	英語	香り	属性
クリーム	Creamy	クリームの舌触り	脂質量が多い
重い	Heavy	重い味	抽出時の粉が多すぎる他
軽い	Light	軽い味	抽出時の粉が不足他
なめらか	Smooth	滑らか	コロイド、脂質量
厚みがある	Thick	厚みがある	溶質が多いなど
複雑	Complexity	複雑な味	多様な成分の複合

chapter 5

欠 点 の 風 味 の 用 語

　精製過程における生豆の汚濁、保管中における成分変化、焙煎による欠陥などにより生じる好ましくない負の風味をいいます。多くの場合COに見られますが、SPといえども、ナチュラルの一部や生豆の保管や焙煎の不備により発生する場合もあります。日本入港後の経時変化による「枯れた草やわらの味」はよく見られます。基本的には、ダメージの香味なのでわかりやすいと思います。

欠 点 の 味

欠点の用語	英表記	風味	原因
ひねた	Aged	酸、脂質が抜けた味	経時変化、脂質の劣化
土っぽい	Earthy	土のような味	乾燥工程の不備
穀物	Grain	穀物っぽい	焙煎が浅すぎる
焦げ	Baked	焦げた風味	焙煎で急速な加熱
煙臭	Smokey	煙っぽい	焙煎の排気不良
発酵	Fermented	不快な酸の味	過完熟他、糖分の変質
平坦	Flat	気の抜けた味	焙煎による成分の遊離
死に豆	Quaker	渋味や異質の味	未熟豆
ゴム臭	Rubbery	ゴムのような臭い	カネフォーラ種に多い
枯れ味	Straw	枯れた草、わらの味	保管中の経時変化
薬品臭	Chemical	塩素、化学薬品	細菌
カビ	Fungus	カビ臭	真菌（カビ）
埃っぽい	Musty	埃っぽさ	低地産など

＊ Ted R.Lingle/The coffee cupper's handbook/2000などを参考に筆者が作成

コーヒーカップを選ぶ 2

　コーヒーカップは、個人的には、薄手の白磁のコーヒーカップが好みで、コーヒーの繊細な風味を感じ取れます。ロイヤルコペンハーゲン（デンマーク）やグスタフスベリ（スエーデン）、ローゼンタール（ドイツ）などのカップや日本の有田焼（佐賀県）などを使用しています。また、ミッドセンチュリー（Mid-Century：1950年前後）のデザインの北欧ビンテージ（Vintage：年代物で付加価値のあるもの）もよく使用します。コーヒーカップは毎日違うものを使用すると楽しみが増します。

日本の1920年代頃から1960年代頃のヴィンテージカップ

◀ロイヤルコペン
　ハーゲンのカップ

北欧のグスタフ▶
スベリのカップ

2 コーヒーを評価する方法を知る

chapter1

消費者が可能な
官能評価へ

　SCAの品質評価は、生豆鑑定と官能評価で行われ、SPの発展に寄与する優れたものです。本来は、コーヒー業界の中でも輸入会社、焙煎会社などのプロ向けの方法で、コーヒー関係者すべてが行っているわけではありません。しかし、私主催のテイスティングセミナーでは、一般の方向けにこの官能評価表を2005年から使用してきました。

　また、この評価方法は、ウォッシュドの精製の豆を対象として作られています（この当時は優れたナチュラルは多くはありませんでした）。そのため、2010年以降誕生したエチオピア、パナマなどの優れたナチュラルに対しての評価基準が定まっていません。また、ウォッシュドの華やかな酸味を評価する現状の評価基準では、酸味の少ないブラジル産を評価する場合にも難しさを感じます。

　さらには、日常的な運用には時間がかかります。そのため、各生産国の輸出会社、国内の輸入会社、ロースターなどはより簡便な独自の官能評価表を使用している事例も多く見られます。

　このカッピングフォームを20年近く使用してきた結果、SCAの官能評価の理念を踏襲しつつ、一般消費者でも使用可能な簡便な新しい官能評価方法を作成したいと考えました。

堀口珈琲研究所の
新しい官能評価

　新しい官能評価の方法は、より精度の高いものをめざしテイスティングセミナーで実験を継続中です。今後、関係各位のご意見を賜り、よりよいものに発展させていきたいと考えています。

① SCA方式の基本的考え方を踏襲しつつ、SCAプロトコルに準じ行います。

② 比較的簡単に行えるように官能評価表を香り（Aroma）、酸味（Acidity）、コク（Body）、きれいさ（Clean）、甘味（Sweetness）の5項目に簡略化し50点満点としています。ナチュラルの評価については、甘味の代わりに発酵臭（Fermentation）としました。

③ Acidityはph（酸の強さ）と滴定酸度（総酸量）、Bodyは脂質量、Sweetnessはショ糖量、Cleanは酸価（脂質の劣化）を評価基準の目安としました。Fermentationは発酵臭の有無を見ます。

サンプル	香り	酸味	コク	きれい	甘味	計	テイスティング

　この方式は、①評価基準に理化学的な数値を加味したものです。
　②現時点では、評価者はすべての項目を評価する必要はなく、自分のわかる範囲で行い、徐々に評価できる項目を広げていけばよいと考えています。
　③また、SP、COにかかわらず、また、焙煎度、サンプルの抽出方法にかかわらず、どのようなコーヒーに対しても評価することを最終目標にしています。便宜的に新しい官能評価方式を10点方式と名付けました。

10点方式の評価項目と理化学的数値の関係

評価項目	評価の着眼点	SPの理化学的数値幅	風味表現
Aroma	香りの強弱と質	香り成分800	花のような香り
Acidity	酸の強弱と質	pH4.75〜5.1、総酸量5.99〜8.47ml/100g	さわやか、柑橘果実の酸、華やかな果実の酸
Body	コクの強弱と質	脂量質14.9〜18.4g/100gメイラード化合物	なめらか、複雑、厚みのある、クリーミー
Clean	液体のきれいさ	酸価1.61〜4.42（脂質の酸化）欠点豆の混入	濁りがない、クリーン、透明感がある
Sweetness	甘味の強さ	生豆のショ糖量6.83〜7.77g/100g	ハニー、ショ糖、甘い余韻
Fermentatio	発酵臭の有無	過完熟、発酵臭	発酵臭がない、微発酵果肉臭、アルコール臭

評価基準

	10-9	8-7	6-5	4-3	2-1
Aroma	香りが素晴らしい	香りがよい	やや香りがある	香りが弱い	香りがない
Acidity	酸味が非常に強い	酸味が心地よい	やや酸味がある	酸味が弱い	酸味がない
Body	コクが十分ある	コクがある	ややコクがある	コクが弱い	コクがない
Clean	とてもきれいな味	きれいな味	ややきれいな味	やや濁りがある味	濁っている味
Sweetness	とても甘い	甘い	やや甘い	甘味が弱い	甘味がない

chapter3
ＳＣＡ方式と１０点方式の官能評価点数の相関性

SCAのスコアの評価基準は、過去20年近い運用の歴史によりある程度の評価コンセンサスが形成されてきています。そこで新しい評価方法では両者の間に相関性がとれるように設計しています。2020年から2022年まで3年間に行われたインターネットオークションジャッジの点数とテイスティングセミナーで行ってきた新しい評価方式の点数の相関性を検証し、多くのデータからr=0.7以上の正の相関性を確認しています。

ＳＣＡ方式と新しい１０点式評価方式の評価目安

10点式	SCA	官能評価の基準
48〜50	95≧	現時点で考えられる最高峰の風味、過去10年間で突出した風味。
45〜47	90〜94	各生産地、品種において極めて特長的な個性を伴う風味。
40〜45	85〜89	各生産地における際立った特長的な風味。
35〜39	80〜84	各生産地のCOより優れた風味、SP全体の90%以上を占める。
30〜34	75〜79	比較的欠点が少ないが平凡な風味。
25〜30	70〜74	特徴が弱くやや濁りを伴う。
20〜25	70≧	酸味およびコクが弱く、欠豆点による濁りを感じる。
20≧	50≧	異臭、欠点の風味が強く感じられる。

＊ SCAには明確な点数基準はなく、私が過去20年間、個人的に運用してきた点数を基準にしています。
　これらの指標は生豆入港後2か月以内に分析した結果から作成したものです。

ルワンダ(2021-22Crop)の SCA方式と新しい評価法式の相関性

SCA　　10点方式

2021年10月11日に行われたA Taste of Rwanda のオークションサンプルからウォッシュドのみを選びました。SCA方式はオークションジャッジの点数で新しい評価方式はテイスティングセミナー参加者16名（n=16）の点数です。両者の間にはr＝0.7821の高い相関性が見られました。

サンプル焙煎は The Roast を使用

ルワンダのステーション（上、下）

chapter 4

10点方式と
理化学的数値の
相関性

　下の表は、2021年7月に行われたグァテマラのAnacaféによる「One of a Kind*」オークションの品種別サンプルです。理化学的数値とともに、新しい官能評価10点方式スコアと味覚センサーの数値も載せました。

　酸価以外は強い相関性が見られましたので、理化学的数値及び味覚セン

サー数値が官能評価点数を反映していると考えられます。したがって、理化学的数値及び味覚センサー値が、官能評価を補完するツールとして使用できると考えられます。

* Anacaféに登録されている生産者から出品された208のサンプルをSCA方式で国内外のジャッジが審査し、86点以上のコーヒーです。

グァテマラ（2021-2022Crop）

品種	pH	滴定酸度 ml/100g	脂質量 g/100g	10点方式 Score n=16
ゲイシャ	4.83	8.61	16.16	43
パカマラ	4.83	9.19	16.3	45
ティピカ	4.94	7.69	16.45	41
ブルボン	4.94	8.03	15.22	39
カトゥーラ	4.96	7.54	15.49	38

　10点方式の官能評価は、理化学的数値及び味覚センサー値と高い相関性が見られ、評価が適切であるといえます。10点方式の点数は、テイスティングセミナーのパネルn=16の平均値です。

chapter5

10点方式と
味覚センサーの
相関性

　味覚センサーは、これまでの分析から、同じ精製方法の豆であれば適正な数値がでる可能性が高く、官能評価が適正な点数であれば両者の間に相関性が見られます。

　しかし、異なる精製方法の豆が混在した場合（例えばウォッシュドとナチュラルなど）は数値にブレが出る場合がみられます。また、ナチュラルの精製の場合は、パネルの官能評価に対する見解が割れる場合があり、味覚センサーとの相関性がとれない事例もあります。

　下の図は、コスタリカのマイクロミルの5種の品種別サンプルです。10点方式と味覚センサー数値との相関性を表したものです。相関係数は r=0.8510 で、味覚センサーの数値が官能評価を補完できると考えられます。

10点方式と味覚センサーの相関性　ウォッシュド
(2020-21Crop)

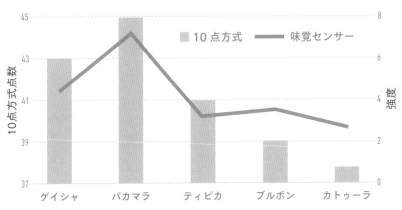

chapter6

コーヒーを評価するための基準と風味表現

1／香り（Aroma）

コーヒーの香りは、いくつもの香りの複合したもので香りを単一の言葉で表現することは困難といえます。「心地よい香り」「花のような香り」「果実っぽい香り」程度の表現で十分です。

2／酸味（Acidity）

酸味は、酸を強く感じるか？どのような酸味があるか？を見ます。同緯度であればより標高の高い地区のほうが昼夜の寒暖差があり、酸味が生じやすくなります。SPの方が酸を強く、また柑橘系果実の酸（クエン酸）を感じる可能性があります。さらによいコーヒーは多様な果実の酸味を感じることができます。「さわやかな酸味」、「しっかりした酸味」、「心地よい酸味」、「オレンジのような甘い酸味」で十分です。

さらに複雑なニュアンスを感じることができれば、果物を想像してください。エチオピアのG-1にはブルーベリー、レモンティ、華やかなパカマラ品種にはラズベリージャム、パナマのゲイシャ品種にはパイナップル、ピーチ、ケニアのSL品種には多様な果実のニュアンスを感知できる可能性がありますが、無理してここまで掘り下げなくても「華やかな酸味を感じます」「果実のような酸味を感じます」で十分です。

3／コク（Body）

コクは、口蓋における口触り、なめらかさなどで、触覚（末端神経）によりもたらされる感覚です。末端神経は、コーヒーの固形物質を粘性として感じる可能性が高いといえます。

スマトラ産の在来品種であるマンデリンのベルベットのようなコクと、軽やかでシルキーなハワイコナ産のティピカ種は質感がよければ共に高い評価をします。口に含んだときの「なめらかな」「味の複雑さ」「味の厚み」という感覚でとらえてください。優れたイエメン産などには「チョコレートのようななめらかさ」を感じます。「牛乳より生クリームの方が、水よりオリーブオイルの方がなめらか」という感覚です。

4／きれいさ（Clean）

口に入れたときからの透明感の印象です。濁りのないきれいな味の感覚としてとらえます。欠点豆の混入が多ければ抽出液は濁ります。また、標高の高い産地の豆、密度の高い豆のほうが抽出液の透明度は高い傾向が見られます。また、生豆の酸価数値（脂質の酸化、劣化）が少ない方が風味に濁りが出ません。

よい評価は「きれいな風味」「透明度が高い」「クリーンカップ」、マイナス評価であれば「濁っている」「埃っぽい」「土っぽい」などでよいでしょう。

5／甘味（Sweetness）

生豆のショ糖の含有量に影響を受けます。焙煎すれば、ショ糖は98.6％は減少してしまいますが、甘い香り成分に代わり、それらが口腔内で甘味を感じさせます。抽出液を口に含んだときと飲み込んだ後の余韻に甘味を感じれば高い評価をします。「心地よい甘味」「蜂蜜のような甘味」「メープルシロップのような甘味」「甘い柑橘果実」「砂糖のような甘味」「黒砂糖のような甘味」「チョコレートのような甘味」「ピーチのような甘味」「バニラのような甘味」「キャラメルのような甘味」などさまざまです。

6／発酵（Fermentation）

コーヒーの場合はこの発酵をいかに抑えるかが精製時に重要です。ウォッシュドの場合は収穫後速やかにチェリーの果肉除去をします。またその後の水槽の中で適切な時間でミューシレージの発酵を終了します。ナチュラルの場合は、直射日光を避けたり、攪拌したり、気温の低い場所などで乾燥を行う方が発酵を押さえられます。従来の低級品のナチュラルには、発酵臭がつきものでした。

発酵臭のないもの、微細なものは高い評価をし、発酵臭である「エーテル臭」、「アルコール臭」、「発酵した果肉臭」などのある豆は低い評価とします。よいものは「赤ワインのよう」「フルーティー」などと表現できます。

chapter1

最初に6種のコーヒーの
風味を知る

コーヒーの風味は、大まかには6つに区分されるので、初めにこの違いを理解します。SP のウォッシュド、SP のナチュラル、CO のウォッシュド、CO のナチュラル、ブラジル産、カネフォーラ種。これらの風味の違いを理解することは、コーヒーの風味をとらえるうえでの基本です。

私のテイスティングセミナー初級編ではこの官能評価を行っています。初心者にとって難しさはありますが、何がおいしいコーヒーかを理解するための入り口ともいえます。

下図は、ナチュラルの CO を除く5種のコーヒーを味覚センサーにかけた結果です。テイスティングセミナーで行った官能評価の点数と味覚センサーの数値の間には r ＝0.9398の強い相関性が見られました。

5種のコーヒーの味覚センサー結果

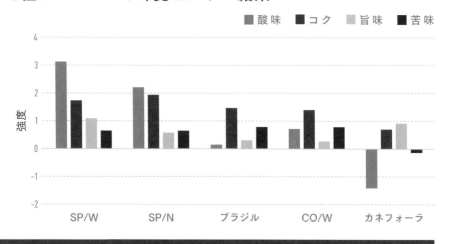

SP はウォッシュド、ナチュラル共に SCA 方式で85点以上のかなり良いコーヒーです。ブラジル CO、ウォッシュド CO は75点前後でした。ブラジルの場合は SP もありますので、これをもってブラジル産をよくないと判断しないでください。

6種のコーヒーの特徴

SP/ ウォッシュド

国名以外に生産地域、農園、品種、精製方法などが明記されています。例えば、グァテマラ・アンティグア地区・○○農園・ブルボン品種、ウォッシュドなどです。これらのコーヒーの価格はやや高めになりますが、**香りが高く、酸味、コクがCOより際立ちます。**

CO/ ウォッシュド

多くは国名及び輸出規格表示のみとなります。例えば、コロンビア・スプレモ、グァテマラ・SHBなど。したがって、生産地域や品種はわかりません。**風味の特徴が弱く、濁りを感じる場合もあります。**

SP/ ナチュラル

国名以外に生産地域、農園（小農家）、品種、精製方法が明記されています。例えば、パナマ・ボケテ地区・○○農園・ゲイシャ品種などです。**風味がきれいで、発酵臭が少なく、フルーティーな傾向があります。**

CO/ ナチュラル

主には国名及び、輸出規格表示となります。例えば、エチオピア（G-4）などの多くはこの範疇となります。**風味に濁り、発酵臭が伴います。**

ブラジル /SP・CO

SPはセラード地区○○農園・ムンドノーボ品種その他が表示されますが、COは輸出規格のブラジルNo.2などの表示になります。

SPはかすかに酸味があり、濁りが少ない傾向がありますが。COは酸味が弱く、やや泥臭く、濁り感があります。

カネフォーラ種

主にはインスタント、工業用製品に使用されます。アラビカ種のCOにブレンドされ、安いレギュラーコーヒーとして使用されます。**酸味がなく、どっしりと重く、焦げた麦茶のような風味です。**

chapter2

実際に
官能評価してみる

　2022年3月までに入港し、SPとして
流通し始めたスマトラのリントン地区
の4種のマンデリンとタンザニア北部
の4農園のニュークロップ（New Crop）
をサンプリングし、4月にテイスティン
グセミナーで官能評価しました。

マンデリンとタンザニアの味覚センサーの結果
2021-22Crop n=16

サンプル	香り	酸味	コク	きれい	甘味	計	テイスティング
マンデリン1	8	8	8	8	8	40	酸味、コクがありスマトラらしい
マンデリン2	8	8	7	8	7	38	リントン系のマンデリンフレーバーがあるがややコクが弱い
マンデリン3	8	8	8	8	8	40	青草、芝、木の香り、なめらか、かすかにハーブ、マンデリンらしい
マンデリン4	7	6	6	6	7	34	酸味少なく、風味重く、濁り感強い
タンザニア1	7	6.5	7	7	7	34.5	明るい酸、トースト、かすかに濁り
タンザニア2	8	8	7	8	8	39	フローラル、クリーン、甘い余韻、柑橘果実の酸味
タンザニア3	7.5	7.5	7	7.5	7.5	37	グレープフルーツの酸味
タンザニア4	7.5	8	7	8	7.5	38	フローラル、きれいな酸、よいタンザニア

新しい10点方式では、35点がSCA方式の80点、40点がSCA方式の85点に相当

マンデリン（2021-22Crop）味覚センサーの結果

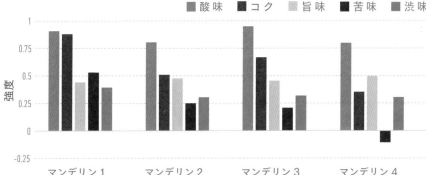

マンデリン1から3は、酸味とコクのバランスが良く、SPと判断しました。味覚センサーの風味パターンも似ています。しかし、マンデリン4は、風味が重く、濁りがあり、カティモール系のアテン品種と推測し低評価としました。最高峰のマンデリンは、独特のマンデリンフレーバー（トロピカルの果実感、レモン等酸味が強く、青い芝や檜や杉の香り）があり、45点（SCA方式で90点）以上をつけることが可能の豆もありますが、このサンプルにはそこまでの個性はありません。官能評価と味覚センサーには r=0.9038正の相関性が見られました。

タンザニア（2021-22Crop）味覚センサーの結果

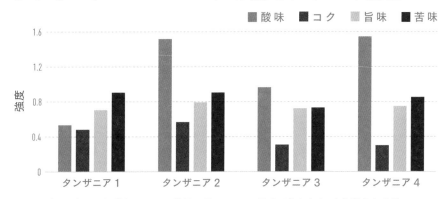

タンザニア産は、収穫年により品質差が見られます。この4種は強い個性はないものの欠点の風味はなく、マイルドタイプのよいタンザニアといえます。タンザニア2、3、4は、さわやかな柑橘の酸がありますが40点（SCA85点）には達しません。タンザニア1は酸味が弱く、やや風味は落ちます。官能評価と味覚センサー値には、r＝0.9747の高い正の相関性が見られました。

経験を積むことにより、各サンプルの風味差を理解できるようになります。

味覚開発トレーニングの方法

　味覚は後天的に形成されるもので、経験が重要になりますので、できるだけコーヒーを毎日飲むように心掛けてください。さまざまな店でコーヒーを飲み、自分でコーヒーを淹れて風味を意識して飲んでいくと、だんだんコーヒーの風味の差が理解できるようになってきたと感じるはずです。コーヒーの抽出方法は問いません。以下の1〜11までを実践してみてください。

1／風味の優れたコーヒーを飲む

　SPのよいコーヒーを飲み慣れてくると、まず香りの高さが違うことがわかります。心地よい酸味、液体のきれいさなどがCOの風味とは違うことが少しずつ理解できるようになります。やや価格は高いですがSPを体験してみてください。

2／香りを嗅ぐ習慣をつける

　できれば豆を自分で挽いてください。まず粉の香り（フレグランス）を嗅いでください、次に抽出したコーヒー液の香り（アロマ）も嗅いでください。香りを感じるコーヒーはよいコーヒーのはずです。この習慣を続けるとコーヒーの香味の違いが感覚的に理解できるようになります。

3／焙煎度の違うコーヒーを飲む

ミディアムロースト（中煎り）といっても各会社や店で焙煎に差があります。シティ（やや深煎り）では、酸味が減り風味に違いがあります。豆や粉の色を参考に焙煎度の違いによる風味を意識して飲んでみてください。

4／精製方法の異なるコーヒーを比べてみる

エチオピア・イルガチェフェ産のウォッシュドとナチュラルを入手することもできます。ウォッシュドには柑橘果実などの風味があり、ナチュラルには果実や赤ワインのような風味が強くあることがわかるようになります。

5／コロンビアとブラジルのコーヒーを比べてみる

コロンビア産はウォッシュドで、SPであればオレンジのようなさわやかな柑橘果実の酸（例えば ph4.9/ ミディアム）を感じることができますが、ブラジル産は酸が弱い傾向があり（pH5.1/ ミディアム）、やや舌にざらつく余韻を感じますの違いを感知できます。酸味を意識して飲んでください。

6／生産地の異なるコーヒーを飲む

生産国により風味は異なります。ま
ずはさまざまな生産国のコーヒーを飲
み、同じ生産国でも「生産地域、品種、
精製など」の違いを確認したうえで飲
むようにします。また、毎年同じもの
を継続して体験していくと年による風
味の差異がわかる場合もあります。

7／COとSPを飲み比べてみる

CO には個性的な風味は強くありま
せんので、どこの国のコーヒーなのか
がわからないこともあります。SP に
は特徴的な風味が見られるので、風味
の差は比較的わかりやすいと思いま
す。

8／新鮮な風味と鮮度の落ちた風味を理解できるようにする

生豆の成分は経時変化します。例え
ば、入港後のグァテマラ産を5月に飲
み、同じ豆を翌年3月（端境期）に購
入して飲むと風味差が生じていること
に気づきます。3月に飲んだときに、
脂質が劣化していれば枯れた草のよう
な風味になります。

9／ティピカ品種の風味をスタンダードにする

　ティピカ品種のコーヒーを飲んでみ
ましょう。繊維質が柔らかく入港後に
鮮度が落ちやすいコーヒーですが、よ
いものはさわやかな酸があり、程よい
コク、甘い余韻があり軽やかなコー
ヒーです。よいティピカ品種に巡り合
えたときには、その風味を記憶してく
ださい。

10／コーヒー以外の嗜好品にも関心を持つ

　自分の好きな嗜好品のお酒（ワイ
ン、日本酒、ウイスキー、焼酎、ビー
ル）、お茶（煎茶、紅茶、中国茶）チョ
コレート（産地別、カカオ含有率）な
どの風味を意識してたしなむようにす
るとコーヒーの風味にも役立ちます。

11／果実を食べる

　SP コーヒーの風味の特長に、果実
のニュアンスが出るのでフルーツを食
べることは重要です。私は、毎日さま
ざまなフルーツを食べています。

あ と が き

コーヒーの風味は多様なので、いきなりコーヒーの風味を理解できるわけではありません。客観的に味わい、適切な評価をするには、多くの飲用の経験が必要です。常に、粉の香りをかぎ、抽出液の香りをかぎ、一口飲んだ瞬間になにか風味に特長があるのかを一瞬考えることで、味覚は開発されていきます。少しずつ、おいしさを感知できる味覚を向上させていけばよいでしょう。

コーヒーは、嗜好品ですので「自分がおいしいと感じればいい」ともいえますが、本書では「おいしさには段階がある」こと「品質がおいしさを生み出す」ということをお伝えしたく書いています。コーヒーの風味は、私がこの仕事を始めた1990年代から2000年代、2010年代、2020年代と大きく変化し、多様化し、向上し「よりおいしいもの」「新しい風味」が誕生しています。

コーヒーの風味は複雑で、まだまだわからないことも多く、筆者の個人的な理解を前提に書きましたので、文章に独断的なニュアンスが含まれている可能性もあり、大方のご叱正を待ち、再販される際には補填、修正を重ねる所存です。

また、コーヒーについて幅広く解説したつもりですが、コーヒー研究は細分化し、専門性が増しています。そのため、コーヒーの発見、イスラムからヨーロッパへの飲用の歴史、日本への伝播（History）、コーヒーと健康（Physiology）、農学（Agronomy）、ゲノム（Genomics）、病害虫（Pathology & Pest）、気候変動（Climate Change）などの分野には多くを触れていません。そのため、基礎知識といっても、コーヒーについて体系的な体裁を整えたものとはなっていませんので、微力な点はご容赦いただければ幸甚です。

2023年吉日　堀口　俊英

堀 口 俊 英 （環 境 共 生 学・博 士）

堀口珈琲研究所代表（156-0055　東京都世田谷区船橋1-9-10〜 2F）
（株）堀口珈琲代表取締役会長（156-0055　世田谷区船橋1-12-15）
日本スペシャルティコーヒー協会（SCAJ）・理事
日本コーヒー文化学会・常任理事
chiepapa0131@gmail.com

著作
『おいしいコーヒーのある生活』PHP出版（2009）、『コーヒーの教科書』新星
出版社（2010）、『The Study of Coffe』新星出版社（2020）その他

学会・論文発表
2016年から、日本食品保蔵科学会、日本食品科学工学会、食香粧研究会、ASIC（国
際コーヒー科学学会）などで発表。論文はグーグルで「堀口俊英　論文」で検索
ください。

堀口珈琲研究所のセミナー
東京都世田谷区船橋1-9-10〜2F
セミナーサイトは　https://reserva.be/coffeeseminar
過去20年「抽出初級」、「テイスティング初級」、「テイスティング中級」、「開業」
などさまざまなコーヒーセミナーを開催してきました。

抽出セミナー

テイスティングセミナー

本書の内容に関するお問い合わせは、書名、発行年月日、該当ページを明記の上、書面、FAX、お問い合わせフォームにて、当社編集部宛にお送りください。電話によるお問い合わせはお受けしておりません。また、本書の範囲を超えるご質問等にもお答えできませんので、あらかじめご了承ください。

FAX：03−3831−0902

お問い合わせフォーム：https://www.shin-sei.co.jp/np/contact-form3.html

落丁・乱丁のあった場合は、送料当社負担でお取替えいたします。当社営業部宛にお送りください。
本書の複写、複製を希望される場合は、そのつど事前に、出版者著作権管理機構（電話：03-5244-5088、FAX：03-5244-5089、e-mail：info@jcopy.or.jp）の許諾を得てください。
JCOPY ＜出版者著作権管理機構 委託出版物＞

新しい珈琲の基礎知識

2023年6月25日　初版発行

著　者	堀　口　俊　英
発行者	富　永　靖　弘
印刷所	公和印刷株式会社

発行所　東京都台東区　株式　新星出版社
　　　　台東2丁目24　会社
　　　　〒110-0016　☎03（3831）0743

© Toshihide Horiguchi　　　　　　　Printed in Japan

ISBN978-4-405-09444-4